U0002691

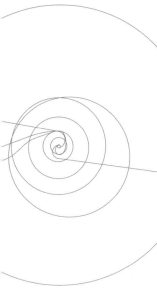

物理學的
演進
The Evolution
of Physics

阿爾伯特·愛因斯坦　利奧波德·英費爾德 ——— 著
Albert Einstein　Leopold Infeld

王文生 ——— 譯

推薦序
深入淺出的物理史科普書

　　我喜愛閱讀科普書，課暇也撰寫科普文章。好讀的科普
書應是「曲高未必和寡，深入何妨淺出」。

　　收到商周出版社主編寄來《物理學的演進》文稿，放下
手邊工作，迫不及待，先睹為快，沉浸在古典與近代物理發
展史的思維中。

　　這是一本很特殊的物理史科學普及經典書，愛因斯坦共
同撰寫，幾乎沒有數學公式，深入淺出，饒富趣味。這本科
學史代表作，是愛因斯坦詮釋古典和近代物理的觀點，也是
高中生和一般讀者認識「量子力學」和「相對論」的入門書，
值得閱讀和珍藏。

　　教育部十二年國教高中課程綱要中，揭櫫基礎物理的設
計精神，以「物理學家發想過程的故事為主，基礎物理通才

知識為輔」，更清楚揭示「高一物理課程針對全年級全領域學生設計課程，編排以文組取向學生容易接受和吸收的教材為目標，希望全體學生接受的是物理發展的精神與傳承，而非只是比較片段不連貫的科學知識」。誠哉斯言，新課綱必修物理課程內容，強調學生學習的重點之一是連貫的物理演進發展史。這是正確的思維，透過閱讀物理學史，能讓學生獲得更全面的物理史觀。

物理學的發展，歷史悠久，具有理論探討與實驗驗證的對象，建立脈絡相承的理性論述方法，以及追求真理、實事求是和謙遜客觀的科學態度等特質。愛因斯坦和英費爾德合著的《物理學的演進》，在 1938 年問世，儘管是年代較早的科普書籍，但透過愛因斯坦的詮釋，更能讓現今的讀者了解物理史發展的全貌，包含伽利略、牛頓時代的運動理論，現代的場論、相對論和量子論，可說將物理學演進歷程，一以貫之，引導讀者認識物理學家的思維方式。

《物理學的演進》一書，擷取物理學發展的重要轉捩點，以「演進」的角度貫串古典與近代物理學的發展，清晰梳理重要的科學脈絡，指引讀者物理學發展的精神與科學脈絡的傳承。閱讀《物理學的演進》，正符應十二年國教新課綱「以物理學家發想過程的故事為主，基礎物理通才知識為輔」的設計方針。

十二年國教新課綱的必修物理學習內容說明，「科學家

面對問題時，抱持理性、客觀、好奇心及不妄下決斷等思考方式和科學態度」，閱讀《物理學的演進》後，能知道從事科學工作應不固執己見、不盲從附和及不妄下決斷，一切依據共同依循的客觀實驗，判斷標準。科學沒有權威，科學也非萬能，科學有其範疇與限制。面對其他不是探討物質世界的領域，科學家必須抱持謙虛、敬仰與尊重的態度。

民國 110 年高中學生升大學的「學科能力測驗（學測）」甫落幕，物理試題取材「牛頓力學」、「焦耳與能量」、「電流磁效應」、「電磁感應」、「電子的物質波（機率波）」等主題，這些內容的脈絡說明正好是《物理學的演進》一書的重點。

建議高中學生學習課綱內容時，不妨搭配閱讀科普書籍《物理學的演進》，建立更完整的物理概念和科學思維，或許還能體悟「細推物理須行樂，何須浮榮絆此生」的閱讀之樂。

北一女物理教師、科普作家

簡麗賢

新版序

　　本書的初版於 20 多年前問世。後來，本書主要作者愛因斯坦逝世了——他可說是有史以來最偉大的科學家，也是最親切的人。在初版發行之後，物理學有了空前的進展。這點只要提到核物理學與基本粒子理論，以及太空探索的進步就足以說明。然而，本書必須改動的地方很少，因為它只探討物理學的主要觀念，而這些觀念基本上還是不變的。在我看來，只需要稍做幾個小小的修正就夠了。

　　第一：本書探討的是觀念的演進，而不是對歷史的說明。因此，本書提到的年代通常是約略的，並且用的是「多少年以前……」的形式。例如第 4 章「量子」的「光譜」一節（頁286），我們寫到波耳（Niels Henrik David Bohr，1885-1962）的理論「在 25 年前成形……」。由於本書初版是在 1938 年問世的，所以「25 年前」指的是 1913 年——波耳發表論文

的那年。讀者應該記住,所有類似的用詞都是針對 1938 年而言。

第二:第 3 章「場,相對論」的「以太與運動」一節中(頁 184),我們寫道:「除了我們必須以每秒 400 碼左右的速度奔跑之外,剛剛的例子沒有任何不合理的地方。我們大可以想像,未來的科技發展將讓這樣的速度變為可能。」如今,大家都知道噴射機已經達到超音速了。

第三:在同一章的「相對論和力學」一節中(頁 213),我們寫道:「……從最輕的氫原子,到最重的鈾原子……」這種說法現在不正確了,因為鈾已經不是最重的元素。

第四:同樣在第 3 章的「廣義相對論與驗證工作」一節中(頁 258),我們寫到水星繞日運動:「我們看見這個現象有多微小,也看見在比水星更遠的行星上要找到這個現象的痕跡,希望有多渺茫。」近年的測量已經發現,這個效應不只發生在水星上,其他的行星也有。這個效應非常微小,但似乎與理論符合。或許在不久的將來也可以在人造衛星上檢驗出這個效應。

在第 4 章「量子」的「機率波」一節中(頁 300),我們寫到單一電子的繞射:「這項實驗同樣是理想實驗,這應該不用強調了。它可以存在於想像,但無法在現實中重現。」值得一提的是,在 1949 年,蘇聯物理學家法布里坎特(V.

Fabrikant）教授與他的同事進行了一項實驗，觀測到了單一電子的繞射。

　　只要修改這幾處，本書就成為最新版本了。但是我不願意把這些小修正寫到本文裡，因為我覺得，與愛因斯坦合寫的一本書，就應該讓它保持原樣。我非常欣慰，在他逝世之後，這本書仍能像他所有的著作一樣繼續流傳下去。

利奧波德・英費爾德

1960 年 10 月於波蘭華沙

原序

　　開始閱讀前，你也許會期待我們回答一些簡單的問題：本書寫作的目的是什麼？這本書的理想讀者是什麼樣的人？

　　如果要直接給出清楚的答案，同時又要具有說服力，那大概不太容易。這個問題留到本書的結尾會比較好回答，雖然稍嫌拖泥帶水。我們發現，反過來說這本書不是出於哪些想法而寫的，會容易許多。我們不是要寫一本物理學的教科書，本書不會系統性地教授基礎物理現象和理論。反之，我們想要概略地描繪人類心智尋找觀念世界和現象世界之間的連結所付出的努力。我們試著說明，促使科學因應世界的現實進而發明新觀念的作用力。但是我們的做法必須是簡潔的。在現象與觀念的迷宮之中，我們必須找出在我們看來既重要又有特色的捷徑。這條捷徑以外的現象和理論必須被捨棄。受限於這幾項目的，我們能選擇的現象與觀念是有限的。

問題的重要性並不在於我們花了多少篇幅來說明。我們之所以忽略某些基本的思考過程，並不是因為我們認為它們不重要，而是因為它們不在我們選擇的路徑上。

在本書的寫作過程，我們花了很多時間討論理想讀者的性質，也很擔心這位讀者。關於這位理想讀者，我們假設他雖然沒有任何紮實的物理學和數學背景，卻仍有很多的優點。我們發現他對物理學和哲學的想法深感興趣，也不得不敬佩他掙扎著走過那些既不有趣，甚至更加困難的路徑。他明白，若想理解本書的任何一頁，就必須細心讀完前面的頁數。他知道一本談論科學的書，即便是科普書，也不能用小說的閱讀方式來讀。

本書是讀者你和我們之間輕鬆的對談。你對本書的看法也許有很多種，無聊或有趣，單調或覺得興奮，但富有創造力的人類心智，為了對規範物理現象的定律有更深、更廣的理解，就會持續奮鬥下去。如果接下來的篇幅能使你對這段奮鬥過程有了某種感觸，我們的目的就算達成了。

阿爾伯特・愛因斯坦
利奧波德・英費爾德

CONTENTS

第 2 章　機械觀的衰落

第 3 章 場，相對論

第 4 章　量子

第 1 章

機械觀的興起

偉大的解謎故事

我們設想有一個完美的解謎故事。必要的線索都在故事裡，促使我們拼湊出案件的始末。如果我們細心分析情節，在故事結尾，結局揭曉前，就能靠自己找出完整的謎底。和次等謎題的謎底比起來，完美解謎故事的謎底絕不會讓我們失望，而且，它總是在我們預期的時機浮現。

我們可以把故事的讀者比喻成一代又一代的科學家，假設他們正尋找著自然之書的謎底嗎？這個類比不能成立，不一會就必須放棄。不過，它還是有那麼一點道理，只要稍加延伸與修改，就會更貼近科學追尋宇宙之謎的種種努力。

偉大的解謎故事還沒有解開。我們甚至不能確定謎題有最後的答案。故事本身已經讓我們受益良多；它教會我們自然語言的基礎、使我們讀懂自然的線索，也是多數時間折磨人的科學進程中那喜樂和振奮人心的源泉。但是雖然我們已

經讀過、解開過關於故事謎題的許多章節，我們仍能意識到離完整的解答還有很長的路要走，而且前提是最後答案確實存在。在每個段落，我們試著找出與所有已發現的線索互相連貫的解釋。不過人們暫時接受的理論儘管符合所有已知線索，卻不會有單一答案能符合全部的線索。看似無懈可擊的理論，在進一步的閱讀中被證明不夠完備是常有的事。與現有的理論矛盾或無法解釋的新現象不斷出現。我們不斷前進，完美的解答似乎也不斷遠離我們。但是即便如此，我們讀得越多，越能領會故事的完美結構。

自從柯南道爾（Canon Doyle）寫出那些令人敬佩的小說以來，幾乎在每部推理小說，偵探都能在解謎的某個時間點，蒐集到足夠的事實。這些事實多半相當詭異、不連貫，而且毫無關連。然而了不起的偵探都了解，在這個時間點已經無須搜查，純粹的推理就足以找出事實間的關連。所以他拉起小提琴，或在扶手沙發上游刃有餘抽著菸斗，突然間，嘿！有了！他不僅找到一套理論來解釋手頭上的線索，也確定必然有其他事件同時發生。因為我們的偵探知道其他事件發生的準確地點，如果他想，就能出一趟門，帶回證物，進一步確認他的理論。

閱讀自然之書的科學家——請容我們再次重複這個有些過度使用的詞——必須自己找答案。因為他不能像某些不耐煩的讀者，直接跳到其他故事的結尾。對我們來說讀者同時

也是偵探，要找出種種事件與全書的豐富脈絡之間的連結。要想得到答案，即便只是其中一小角，科學家也必須蒐集整理雜亂無章的現象，利用創造力讓這些現象變得連貫、可理解。

接下來的章節，我們的目標是大略描述物理學家的工作，並對應到偵探們純粹的思索過程。我們的焦點是各種觀點和想法在探索物理世界的過程中所扮演的角色。

第一條線索

　　人類解讀偉大解謎故事的嘗試，和他們的思想史一樣悠久。但直到 300 多年前，科學家才逐漸理解故事所使用的語言。從牛頓（Isaac Newton，1642-1727）和伽利略（Galileo Galilei，1564-164）的年代開始，解讀的進度突飛猛進。人們發展出研究調查的技術，以及尋找與鑽研線索的系統化方式。自然之謎的一角被解開，雖然在進一步研究中，很多答案被證明有欠深慮，經不起時間的考驗。

　　幾千年來，有個非常基本的問題一直隱藏在自身的複雜性中，那就是運動。我們在自然界觀察到的所有運動，像是拋到空中的石頭、海上航行的船隻、街上移動的推車等，事實上都相當複雜。要理解這些現象，比較聰明的做法是在可能的範圍裡，從最單純的狀況著手，再逐漸推演到複雜的狀況。一個靜止物體，表示沒有任何運動發生。要改變這個物

體的位置，就要對這個物體施加一些影響，推它一把、把它舉起來，或是讓其他物體作用在它身上，像是馬匹或蒸汽引擎。直覺上我們會把運動和推、舉、拉等動作連結在一起。多次經驗下來，我們大膽地進一步推測，如果想讓物體移動更快，就得更用力地推動物體。如此一來，得到的結論自然是施加在物體上的作用越強，物體速率越快。4 隻馬拉的馬車，比只有 2 隻馬拉的馬車跑得快。直覺告訴我們，速率基本上和作用力掛勾。

偵探小說的讀者一定對假線索混淆整個故事並使答案遲到的狀況不陌生。由直覺主宰的推理方式往往是錯的，它造成幾個世紀以來人們對運動的錯誤認知。亞里斯多德（Aristotle，前 384- 前 322）橫跨歐陸的巨大影響力，大概是運動的直覺性認知獲得長時間信任的主因。長達 2000 年的時間，《力學》（Mechanics）普遍被認為是亞里斯多德的著作，我們可以讀到：

　　當持續推動物體的力，無法繼續作用於推動物體時，移動的物體就會停下。

伽利略發現並發揚光大的科學推理方法，是人類思想史上最重要的成就之一，同時也標誌物理學的起源。透過他的發現，人們了解不能盡信以當下的觀察為基礎做出的直覺性

推論，因為它有時會給出錯誤的線索。

但是，直覺在哪裡出錯了？一部馬車，比起由 2 隻馬拉，由 4 隻馬拉跑得更快，這句話有出錯的可能嗎？

讓我們進一步檢驗關於運動的基本現象，起點是一個日常的經驗，也是人類有文明以來就已熟悉的、從生存的奮鬥中得來的經驗。

在平坦的路上，假設有個推手推車的人突然鬆手，停止推動車子。推車在停止之前會繼續移動一小段距離。我們問：如何增加鬆手後推車移動的距離？有不少方法都能辦到，像是為輪胎上油或把路面變平滑。輪胎越易於轉動、路面越平滑，推車持續移動的距離就會更遠。那麼上油或整平路面的動作，造成了什麼不同？唯一的改變是：外來影響因此變小了。變小的是名為摩擦的效應，在輪胎本身以及輪胎與路面之間都能見到。這段話已經算是針對可觀測證據的理論性詮釋了，不過，這個詮釋事實上太過武斷。再踏出重要的一步，我們就能獲得正確的線索。想像一個完美平滑的路面及沒有任何摩擦效應的輪胎。如此一來，使推車停下的因素就沒有了，所以它會永遠移動下去。這項結論只能透過理想實驗的想像中獲得。因為我們無法排除所有外部的效應，理想實驗實際上不可能做到。但是理想實驗找到的線索，正是建構運動機制的基礎。

將兩種解題的思路放在一起比較，我們可以說：直覺性

推論認為作用力越強，速度越快。因此，速度代表的是有無外力作用在物體上。伽利略發現的新線索則表明：如果物體不是被推動、拉動，或是以任何方式受到作用力的影響，物體的運動將保持一致。簡單來說，如果沒有外力作用在物體上，它會持續沿直線等速運動。因此，速度並無法代表有無外力作用在物體上。伽利略的結論是正確的，一個世代後的牛頓，據此整理出**慣性定律**（Law of inertia）。在學校學物理時，慣性定律經常是第一個需要多加思索的地方，有些人可能記得：

> 物體會保持靜止狀態，或者沿直線維持一致的運動狀態，除非它受到力的影響，被迫改變運動狀態。

實驗無法直接得出慣性定律，只有與觀察結果一致的猜測性思考才能做到。現實世界永遠無法進行理想實驗，即便如此，理想實驗仍能為真實實驗帶來重要的理解。

世界上有各種複雜的運動形態，我們選擇等速運動作為第一個例子。它是最單純的運動，因為沒有外力在作用。然而等速運動不可能實現，塔上拋下的石頭、路上推動的推車不可能進行嚴格的等速運動，我們無法消除外力的影響。

在比較好的解謎故事中，太明顯的線索經常是人們猜測錯誤的源頭。在理解自然定律的嘗試中，我們發現淺白的直

覺性解釋通常是錯的，這與解謎故事非常類似。

人類的思考創造出不斷變動的宇宙圖像。伽利略的貢獻是摧毀了直覺觀點，並以新的觀點取而代之。伽利略的發現的重要性即在於此。

然而，有關運動的進一步問題幾乎同時產生。如果速度不能代表外力作用在物體上，那什麼能？伽利略找到了這個基本問題的答案，牛頓發現了更加精確的版本，他的工作成為我們進一步調查的線索。

為了找到正確答案，我們勢必要更深入考察完美平滑路面上的推車。在理想實驗中，運動狀態保持一致的原因是外力的缺席。我們現在想像一部等速運動的推車，沿著運動方向被推了一下。之後會發生什麼事？推車速率明顯增加了。同樣明顯的，如果沿著與運動相反的方向推動推車，將使速率降低。在第一個例子的推動使推車加速，第二個例子則是減速，或者說慢了下來。一個結論隨即產生：外部力的作用會改變速度。由此可知，速度本身並不是推力或拉力的結果，它的變化才是。力的作用方向是運動方向的順向或反向，決定了物體速度是增加或減少。伽利略明確地理解了這個現象，並記錄在他的著作《兩種新科學》（*The two new sciences*）：

……任何加諸移動物體的速度，只要造成加速或阻滯的

外在因素被移除，將會嚴格地保持相同。這樣的條件只能在水平面上找到。因為下斜面已經具有造成加速的因素；而上斜面則存在阻滯的因素。由此可知，水平面上的運動是永久的，原因是，如果想使速度保持一致，它就不能減少或散逸，更別說被摧毀。

在正確線索的指引下，我們對運動問題有了更深層的理解，不僅肯定了力與速度變化之間的相關性，也否定了直覺性的想法，也就是力與速度本身具有相關性。這些理解是牛頓建構古典力學的根基。

我們利用了兩個在古典力學占據主角地位的觀念：力，以及速度的改變。兩個觀念將隨著科學進展得到延伸與推廣。因此它們有必要被進一步仔細檢視。

力是什麼？我們能直觀感受到這個詞的意思。這個觀念從推、丟、拉等動作中誕生，從我們的肌肉感覺到這些動作時產生。不過，經過推廣，力的觀念獲得遠遠超乎剛才單純例子的涵義，我們甚至不用想像馬拉馬車的畫面，就能思考力。例如我們談到引力，太陽與地球、地球與月球之間都存在引力，它也是造成潮汐的諸多作用力之一環；我們談到一種力，地球透過它迫使我們與周遭物體待在它的勢力範圍；還有一種力，隨著風，在海上產生波浪，在森林拂動枝葉。在任何時刻、任何地點，當我們觀察到速度的變化，一般都

是外部力的作用。牛頓在《原理》（*Principia*）一書寫道：

作用力（Impressed force）是一股加諸於物體的作用，使物體的狀態改變。物體的狀態不是靜止，就是沿直線等速運動。

作用力只在作用當下存在，作用結束時不會留在物體中。物體若要維持任何新取得的狀態，只需要透過本身對運動狀態改變的抵抗（vis inertiae）。作用力有很多種來源，像是打擊、壓力或是向心力。

如果石頭從某個塔頂落下，它的運動不可能是等速的，速度會隨著石頭掉落而增加。於是我們獲得結論：有一個外部力，沿運動方向作用在石頭上，換句話說，地球正在吸引石頭。我們再看另一個例子。如果石頭朝著正上方丟出去，會發生什麼事？它的速度會變慢，直到抵達最高點，再開始下墜。使物體加速和減速的力是同一種。在加速的情況中，力沿著運動方向作用；在減速的情況中，力作用在反方向。兩個情況的力是一樣的，根據石頭是墜落或上升，力造成了加速或減速的結果。

向量

我們此前考慮過的運動都是**直線的**，也就是說它們發生在一條直線上。我們現在得更進一步。為了加深對自然定律的理解，我們先分析最單純的例子，避免在首次嘗試就處理複雜的情形。直線顯然比曲線更單純。然而，我們不可能滿足於直線運動的理解。力學原理的應用取得重大成功的例子都發生在彎曲路徑上，像是月球、地球及行星的運動。從直線運動過渡到曲線運動帶來新的困難，想了解古典力學的原理，得有克服困難的勇氣。古典力學帶給我們第一條線索，是科學發展的起點。

讓我們考慮另一項理想實驗，有個完美球體在光滑桌面上以等速滾動。我們知道，如果球體被推動，換句話說，如果有外部力被加諸球體，它的速度會改變。現在，與推車的例子不同，假設推力並非沿球體的運動方向作用，而是朝不

同方向，比方說，作用於垂直於運動方向的話，球體會發生什麼事？我們可以分辨出三個運動階段：初始運動階段、力作用階段，以及力作用結束後的最終運動階段。根據慣性定律，在力作用之前與之後，速度會保持完美的一致。但在力作用前與作用後，兩種狀態的等速運動存在不同之處：運動方向發生變化。以這個例子來說，當球體的初始路徑和力的作用方向相互垂直，最終的運動方向不會是這兩者，而是介於兩個方向之間。如果推力大，或初始速度小，最終運動方向會更靠近力的方向；如果推力小，或初始速度大，最終方向會更靠近原本的運動方向。根據慣性定律，我們的新結論是：外部力的作用一般不只改變速率，也會改變運動方向。理解這個現象後，我們就準備好利用**向量（Vector）**的觀念，進一步推展物理的範疇。

我們不妨以伽利略的慣性定律為出發點，繼續用單刀直入的方式推理。要將這條在運動之謎中價值連城的線索發揮到淋漓盡致，我們還差了不少工夫。

讓我們考慮兩個在平滑桌面上，沿不同方向移動的球體。為了將圖像確定下來，我們可以假設球體運動方向互相垂直。由於沒有外部力作用，運動以完美的等速進行。進一步說，若兩球速率相同，代表兩球在相同時間間隔內，移動了相同距離。那麼，如果說兩個球體速度相同，這個想法是對的嗎？答案對也不對！如果有兩輛車，儀表板顯示車速為

每小時 40 英里，人們一般會認為兩輛車的速率和速度是一樣的，不會考慮車子朝哪邊走。但是，科學必須創造自己的語言和觀念給自己使用。科學觀念的源頭通常是日常中會用到的詞彙，但它們會發展出相當不同的意思。經過轉化，詞彙失去它在普通語言中的模糊性，變得更嚴謹，才能在科學思考中使用。

以物理學家的觀點，將兩個在不同方向上運動的球體的速度視為不同，是有好處的。雖然單純是習慣問題，以不同速度（Velocity）表示 4 輛在同一個圓環上移動的車子會方便得多，即便速率（Speed），即儀表板上的數字都是每小時 40 英里。速率與速度的差異，展現出物理如何以日常觀念為起點，轉化出對科學進展相當有用的觀念。

若某個長度經過測量，其結果能用特定單位的倍數表示。一根棍棒的長度可以是 3 呎 7 吋；物體的重量可以是 2 磅又 3 盎司；時間間隔能表示為分或秒。在上述例子，每個測量結果都以一個數字表示。但只有數字不足以描述所有物理觀念。人類對這個事實的認知，標誌著科學研究中相當特殊的進展。像是方向與數值同時存在，是描述速度的基本條件。這類同時具有大小及方向的量稱為**向量**。適合表示向量的符號是箭頭，速度就適合用箭頭表示。簡單來說，它能表示為一個向量，其長度代表速率的度量，以特定單位表示；方向則指出運動的方向。

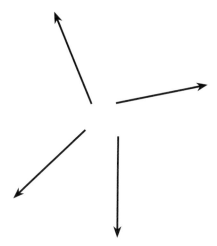

圖 1-1

031

向量

　　若在圓環上，有 4 輛車分別以等速率朝不同方向行進，它們的速度可以用 4 個長度相同的向量表示，範例可以從上面的圖示看到。就本圖的比例尺，一英寸等於時速每小時 40 英里。透過這個方式，任何速度都能由一個向量表示，反過來說，如果知道使用的比例尺，就能從向量圖得出速度的大小。

　　如果兩輛車在高速公路上交錯而過，車上的儀表板顯示時速為每小時 40 英里，我們以兩個指向相反的向量表示它們的速度。同樣地，分別代表進城與出城的紐約地下鐵的兩個箭頭一定指向相反方向。但是，不論列車實際上是位在哪個車站或哪條大道，只要是速率相同的出城地鐵，速度就是相同的，可以用一個向量表示。向量不能指出列車經過車站的資訊，也不會標示在許多條平行的鐵軌中，列車是在哪條鐵軌上。換句話說，根據目前的習慣，範例中表示地鐵速度

的向量，可以視為相同的向量。如下圖 1-2、1-3 所示，它們
位在相同或平行的直線上，彼此長度相等，箭頭也指向相同
方向。

圖 1-2　　　　　　　　　　　　　　　圖 1-3

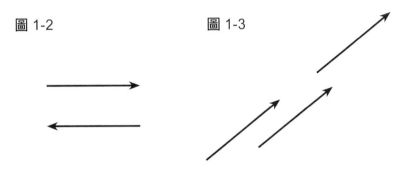

　　下圖 1-4 則表示的是互不相同的向量，因為它們在長度
或方向上的其一或兩者有所不同。

圖 1-4

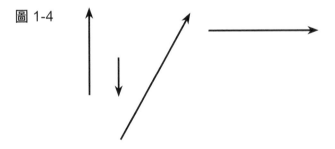

　　上圖的 4 個向量也可以用另一種方式來畫，在圖 1-5 中，
它們全部由一個共同的點出發。由於出發點並不重要，這些
向量既能表示 4 台正在離開同一個圓環的車輛，也能表示在
國內各地旅行的 4 輛車，以向量所標示的速率和方向移動。

圖 1-5

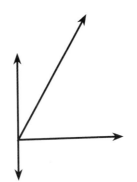

　　現在，向量表示法能用來描述先前考慮到的直線運動現
象。我們談到一台在直線上以等速運動的推車，有個推力沿
運動方向作用，使它速度增加。以圖像語言來說，這可以表
示為兩個向量，比較短的，代表推車被推動之前的速度；而
沿著相同方向，較長的向量，則表示推動之後的速度。

圖 1-6

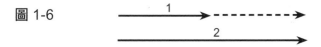

　　上圖的虛線向量清楚地表示了速度變化，我們知道這是
推力造成的。而在作用力方向與運動方向相反的例子，運動
速度變慢了，圖像也有所改變：

圖 1-7

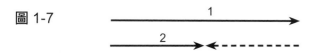

　　上圖的虛線向量同樣對應到速度變化，但在這張圖，向
量的方向是相反的。很明顯的，不僅速度本身是向量，速度

變化同樣也是。但是，速度發生變化是外部力的作用，因此力也必須用向量表示。要正確描述力，單單指出推動推車的力有多大是不夠的，我們必須同時給出推動的方向。力，如同速度，以及速度變化，三者都不能只用數字表示，應該使用向量。由此可知：外部力同樣是向量，而且它的方向必定和速度變化的方向相同。在圖 1-6、1-7，虛線向量指出了力的方向，也同時指出速度變化的方向。

看到這裡，抱持懷疑的人可能會想，他看不出引入向量觀念有什麼用處，好像只是把已知現象轉換成既不熟悉、又複雜的語言。單就這個階段，證明存疑者的錯誤也許有困難，因為他們此刻確實是對的。不過我們很快會發現，這個奇怪的語言使一個重要的觀念得到推廣的空間，到時候，向量就是不可或缺的了。

運動之謎

　　單為了直線上的運動，我們已經用了很多篇幅。但是距離完全理解自然界能觀察到的運動還很遙遠。我們必須考慮沿曲線路徑發生的運動。然後下一步是找出規範這一類運動的定律。這不是件小事。雖然速度、速度變化，以及力的觀念，在直線運動的狀況下運作良好。但我們無法一眼看出將它們套用到曲線運動的方式。舊觀念的確有可能不適用於描述所有運動，如此一來，就必須創造新觀念。那現在該延續舊有思路，還是另闢蹊徑？

　　觀念的推廣，或是說將某個觀念一般化，是科學中很常見的過程。沒有絕對的方法能完成推廣，因為通常不會只有一種方法能做到。然而，它們必須嚴格遵守一項要求：任何推廣後的觀念，當原始觀念的條件滿足時，必須簡化為原始觀念。

接下來要討論的例子能完美解釋上述要求。我們試圖將速度、速度變化，以及力這三個舊有觀念，推廣到曲線運動的狀況。技術上來說，當我們說到曲線，意思其實也包含直線。直線是曲線的特例，也是曲線中最單純的狀況。因此，如果速度、速度變化，以及力的觀念適用於曲線運動，它們就自動適用於直線運動。但是，推廣結果不能和先前的結果矛盾。如果曲線變成了直線，那麼所有推廣後的觀念，必須簡化為直線運動下我們熟悉的形態。不過，上述限制不足以讓推廣的做法被視為是唯一的，它容許其他推廣方式存在的可能性。科學歷史告訴我們，最簡潔的推廣不是成功的保證，有時成功，有時也會失敗，所以我們必須先做一次猜測。就目前的狀況，我們很容易猜到正確的推廣方式。這些新觀念事實上相當成功，讓我們理解了拋飛的石頭及行星的運動方式。

速度、速度變化，以及力，以上詞彙的意思，在推廣後的曲線運動有什麼變化？讓我們從速度開始。在曲線上，有個非常小的物體正在從左側移動到右側。這類微小的物體通常稱為**粒子（Particles）**。在圖 1-8 中，曲線上的黑點表示粒子在某個瞬間的位置。如何定義這個時間點與位置所對應的速度？再一次，我們要動用想像力，考慮一個理想實驗。

圖 1-8

曲線上的粒子自左而右運動，並持續受到外部作用力影響。想像在某個給定的時間點，所有力在黑點的位置上突然停止作用。根據慣性定律，運動將保持等速度。現實中當然不可能讓某個物體完全不受外部力影響。因此我們只能猜測：「如果這個狀況發生的話，會有什麼變化？」我們可以推論猜測的結果，再與實驗結果對照，就能判斷猜測的正確性。

如果所有外部力消失了，下圖的向量就表示我們對等速度運動方向的猜測。

圖 1-9

這個方向一般稱為切線方向。若以顯微鏡觀察移動中的粒子，可以看到曲線上非常小的部分看起來就像一個微小的線段。切線就是這條小線段的延伸。因此，圖 1-9 中的向量，就表示粒子在某個給定瞬間的速度。速度的向量位於切線方向上，長度表示速度的大小，或者舉例來說，也代表汽車儀表板顯示的速率。

剛才為了找出速度向量，以破壞運動的方式進行的理想實驗，我們不能以過於嚴肅方式看待。它的作用只限於幫我們理解該把哪個向量稱為速度向量，以及如何在給定的瞬間找出速度向量。

圖 1-10 示意了曲線上移動的粒子在三個不同位置的速度向量。在這個例子，不只速度的方向有所變化，速度的大小也是。我們可以從向量長度和方向的變化看出這一點。

圖 1-10

新的速度觀念能滿足所有推廣必須滿足的條件嗎？也就是說，在曲線變成直線時，它能簡化為我們熟悉的觀念嗎？很明顯的，它能。直線的切線就是直線本身。因此，速度向量指向運動所在的直線，如同移動推車及滾動球體的例子。

下一步，是引入曲線上移動粒子的速度變化。能做到的方式也不只一種，我們選擇最簡潔方便的做法。上一張圖指出幾個在路徑的不同位置上，表示運動狀態的速度向量。前兩個向量，可以用下圖的方式重繪，使它們有相同的起點，我們已經知道對向量來說，這是允許的做法。

圖 1-11

我們把虛線向量稱作速度變化的向量。它起於第一個向量的終點，終點則位在第二個向量的終點。如此定義速度變化，剛開始看來可能太過刻意，缺少意義。但在特殊情形，

例如向量 1 和向量 2 方向相同的時候，它的涵義會清楚地展現出來。這個情形代表又回到了直線運動。假設兩個向量的起點相同，虛線的向量也會將它們的終點連在一起（圖1-12）。此時，圖像就與頁 33 的圖 1-6 的情形完全相同，又一次，我們從新觀念的特例得出先前的觀念。可以補充的是，此時得要在圖中分開繪製兩條向量，如此一來，它們才不會重疊，變得無法分辨。

圖 1-12

我們現在要邁出推廣的最後一步。到現在為止，我們出於必要所做的所有猜測中，這是最重要的一個。我們必須建立力與速度變化之間的連結，才能重組線索，理解運動問題的完整樣貌。

引導我們找出直線運動的解釋的線索很簡單：外部力的作用是速度改變的原因，力的向量和速度改變的向量方向相同。那麼，解釋曲線運動的線索是什麼呢？和直線運動的線索完全一樣！唯一的不同在於速度改變的定義，比先前更廣泛。稍微看一眼先前兩張圖（圖 1-11、圖 1-12）中的虛線向量，就能清楚看見定義的不同之處。如果曲線上每個點的速度都是已知的，就能一次得出曲線上任何一點的力。我們可以畫出時間間隔非常短的兩個瞬間的速度向量，對應到兩個非常靠近彼此的位置。作用力向量的方向，從第一個向量的

終點，指向第二個向量的終點。但是，基本上來說，兩個速度向量之間，應該只隔了「非常短」的時間。要嚴謹地分析此處的「非常短」，「非常靠近」與「非常短」等形容詞都嫌過度簡化。確實，也是以這個分析為起點，牛頓和萊布尼茲（Gottfried Wilhelm Leibniz，1646-1716）才發現了微分（differential calculus）。

推廣伽利略留下的線索，是繁瑣而且細緻的工作。我們無法在此展現這個推廣的成果有多豐碩。它的應用，使許多過往看似毫無關連、受到誤解的現象，得到簡潔而有說服力的解釋。

在五花八門的運動裡，我們挑出最單純的例子，用剛才架構的定律解釋。

從槍管飛出的子彈、以某個角度丟出的石頭、從軟管中噴湧而出的水柱，它們展現出同種類型的路徑——拋物線。想像有顆石頭，上面附帶一個速度儀，可以記下任意時間點的速度向量。

圖 1-13

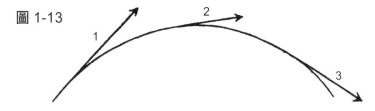

紀錄結果能表示為上圖。石頭上的作用力的方向，就是速度改變的方向，我們已經知道找出這個向量的方法，結果

圖 1-14

 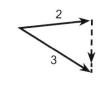

如圖 1-14。可以發現，力作用在垂直方向，並指向下方。此處力作用的方式，和石頭從塔頂被釋放時完全相同。雖然兩個例子的路徑和速度都差異不小，但是，速度變化的方向是相同的，都指向地球的中心點。

如果將石頭綁在繩子一端，在水平面上甩動繩子，就會帶動石頭以圓形軌跡運動。

假設石頭的速率相同，如圖 1-15 所示，表示圓周運動的向量長度也會相同。

圖 1-15

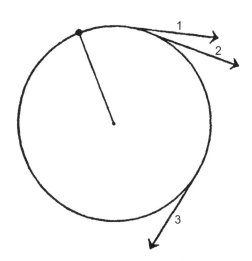

雖然速率相同，速度並不是，因為路徑並不是一條直線。只有在速率一致的直線運動上，才沒有作用力存在。然而在這個例子裡，速度的大小沒有變化，方向卻改變了。根據運動定律，在石頭及拉住繩子的手之間，勢必有某種力造成方向的變化。進一步的問題很快浮現：這個力作用在哪個方向？向量圖又再一次為我們帶來解答（圖 1-16）。只要畫下兩個相鄰點的速度向量，就能找到速度變化的向量。這個向量看起來位在指向圓心的繩子上，而且永遠垂直於速度向量，或者說，垂直於切線。也就是說，透過繩子，手掌對石頭施力。

圖 1-16

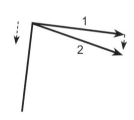

有個很類似，但重要性更高的例子，是月球繞地球的運動。它能大略近似為等速率圓周運動。出於和前例中作用力指向手掌相同的原因，在這裡，作用力的方向指向地球。雖然月球和地球之間沒有繩子相連，我們可以想像一條連結兩個物體中心的直線，作用力就位在這條直線上，指向地球中心。空中飛行或從高塔落下的石頭也是如此。

到目前為止，所有有關運動的討論，可以用一個句子總結：**作用力與速度變化是方向相同的向量。**這是運動問題的

第一條線索，然而，只有這條線索並不足以解釋我們觀察到的所有運動。從亞里斯多德的思路，過渡到伽利略的，這個轉變是科學誕生的過程中最重要的里程碑。從這個突破開始，科學發展的道路已然明瞭。對於科學發展的萌芽階段，我們感興趣的是，追隨開頭線索的指引，見證新的物理觀念在舊有思路的泥淖中艱辛地誕生。我們關注的只有科學發展的前沿，那裡充滿嶄新、從未預期的發展方向。隨著科學思想的變革，我們對宇宙的認知不斷改變。最初，也是打下基礎的一步，永遠充滿革命性的色彩。科學的想像力發現舊觀念的狹隘，隨後用新的取而代之。以演化的規律來看，比較常見的風景，是已展開的領域持續地進步，直到迎來下個轉捩點。屆時，人們將朝更新的領域進軍。為了找出促使重要的觀念產生變化的原因及瓶頸，我們不僅要了解初始的線索，也要知曉自線索導出的結論。

　　現代物理最重要的成分中，經由第一條線索得出的結論，不僅是定性的，同時也是定量的。我們再次考慮從高塔上落下的石頭。我們已經知道石頭的速度隨下落進程增加，但我們想知道的不止於此。速度變化的幅度有多大？從落下的時間點起算，如何決定石頭在任意時候的速度和位置？我們希望能預測結果，並藉由實驗了解觀測結果能否符合預期，進一步說，也驗證了初始假設的正確性。

　　想得到定量的結論，得用數學的語言。科學的基礎觀念

多數都不複雜，可以藉由定律的形式，以所有人能理解的語言表示。進一步展開這些觀念，要用到高度精煉的研究技巧。如果想比較實驗結果與推導得到的結論，數學就是必要的工具。我們的焦點有很長一段時間會停留在基礎物理觀念，迴避數學語言。由於這是本書慣用的方式，我們有時只會引用而不會證明某些結果。但要想理解進一步推導的線索，它們是不可或缺的。放棄數學語言的代價是準確性，以及無法在引用某些結果的時候展示過程。

圖 1-17

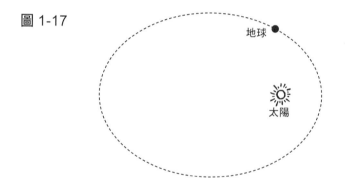

其中一個重要的例子是地球繞太陽的運動。我們知道運動路徑是一個封閉曲線，稱為橢圓。經由建構速度變化的向量圖，可以知道作用於地球的力指向太陽。不過，這項資訊畢竟相當有限。我們的期望是，預測地球與其他行星在任意瞬間的位置，並提早知道下次日蝕及其他天文現象的發生日和持續時間。這些都是可以做到的事，不過不會只透過最初

的線索，因為現在必要的資訊不只有力的方向，也包含它的絕對值——力的大小。首先針對這個方向提出啟發性猜想的人，是牛頓。根據他的**重力定律（Law of Gravity）**，兩物體間的引力，會根據兩者的距離以簡單的形式變化。距離越遠，吸引力越小。準確來說，如果距離變成 2 倍，引力會比原先小 $2 \times 2 = 4$ 倍；如果距離變成 3 倍，引力會比原先小 $3 \times 3 = 9$ 倍。

從重力的例子可以看到，通過簡單的方法，我們成功地描述力與移動物體的距離間的相關性。我們繼續以類似的手法處理不同種類的力，例如電力、磁力及其他類似的力。我們試著用簡單的方式描述力，而這樣的描述方式，只有在通過它推導出的結論符合實驗結果時，才具正當性。

以目前對重力的了解，並不足以描述行星的運動。我們已經知道，在任何一個微小的時間間隔中，代表力和速度變化的兩個向量方向相同。現在，我們隨著牛頓的腳步，假設兩個向量的長度之間存在一種簡單的關係。若其餘條件都相同，也就是說，考慮相同的物體在相同時間間隔內的發生的變化，牛頓認為，速度的變化和力的大小成正比。

由此可知，只需要兩個額外的猜測，就能得出行星運動的量化結果。其中一項指出廣義的性質，描述力與速度變化之間的關連性。另一項則是狹義的，指出運動牽涉到的特定作用力，與物體的距離之間精確的數值關係。前面的猜測，

就是牛頓運動定律；後面的，是他的重力定律。兩個定律同時使用，就能決定運動。接下來的稍嫌笨拙的推導能清楚說明這點。假設在某個給定的時間，能確定行星的位置及速度，也知道作用力。利用牛頓定律，就能找出一段微小的時間間隔內速度的變化。在初始速度及速度變化已知的狀況下，就能得知時間間隔結束時，行星的位置與速度。不斷重複這個過程，就能得到完整的路徑，不用另外參考觀察數據。原則上，這就是力學預測物體運動軌跡的方式，不過，這個方法很難談得上實用性。這種一步一步進行的計算操作起來會非常繁瑣，也不精確。幸運的是，這個過程並不是必要的；數學指出一條捷徑，它對運動的描述不僅精確，甚至用到的墨水也比這一行字要少得多。而觀測的結果，能證明或反證使用數學方法的計算結果。

同一種外部作用力，在石頭從空氣中落下，以及月球繞軌道的運動中都能找到，這種作用力就是地球對物質的引力。牛頓了解到，不論是落下的石頭、月球或行星的運動，都只是一種萬有引力的特殊表現形式，事實上，萬有引力作用在任意兩個物體之間。使用數學，能在簡單的情況下有效預測和描述運動。但是，在牽涉多個物體間交互作用的複雜案例，數學的描述就沒有那麼簡單，不過，基本原則是不變的。

我們發現，由開頭的幾條線索推演出來的結果，在飛行

的石頭，以及月球、地球之間，與行星的運動中確實發生了。

　　經由實驗得到證明或反證的，是我們從猜測建構出的完整系統。沒有任何一條假設能被獨立出來檢視。在行星繞太陽運行的例子中，力學的系統以完美的方式運作。不過，我們也可以根據另一組假設，想像出別套系統，它也可能運作良好。

　　物理觀念是人類心智的一種自由創造，它們看起來可能像世界上唯一存在的定律，但並不是這樣。人們理解真實世界的過程，就像想了解手錶運作方式的某個人。他見到錶面，看到移動的指針，甚至也聽到指針轉動的滴答聲，但是，他沒有任何辦法打開那個手錶。如果這個人夠聰明，他可能想到建構一個圖像，它代表一種機制，足以說明他觀察到的所有現象。但永遠無法確定的是，他的圖像到底竟是不是能解釋所有觀察的唯一方法？他沒有辦法用真正的機制對照他的圖像，甚至無法想像這種比較存在的可能性，或其代表的意義。但是，這個人確信，隨著知識的增加，他的現實圖像會越來越簡潔，也能解釋更多自感官世界而來的印象。他可能也相信知識存在著想像的極限，而人類心智的探索能走到那一步。他可以把這個想像的極限，稱為客觀的真理（objective truth）。

還有一條線索

　　人們第一次接觸力學時可能產生一種印象,認為這門科學是簡單且基礎的,未來也不會有什麼改變。人們懷疑的腦筋很少動到某條重要線索上,也難怪 300 年來沒有人留意到它的存在。這條被忽視的線索,和力學中最基礎的觀念有關,那就是**質量(Mass)**。

　　讓我們再一次回到推車在完美平滑的路面上移動的簡易理想實驗。如果推車從靜止開始受到一個推力,它會以特定速度做等速度運動。假設力作用的事件可以重複任意多次,通過推動而作用的機制也以相同方式運作,而且是在同一台推車上施加同樣的力那麼,不論重複多少次實驗,終端速度都會是一樣的。但是,如果改變實驗,前幾次清空推車的貨物,後幾次把推車裝滿,會發生什麼事?滿載推車的終端速度,會比空車的小。結論是:如果相同的力作用在兩個初始

靜止的物體上，最後的速度將會不同。我們會說，速度與物體的質量有關，質量越大，速度越小。

由此可知，至少在理論上，我們知道如何確定物體的質量。準確來說，我們知道某物體的質量和另一個物體差了幾倍。相同的力作用在兩個靜止質量上，我們發現，第一個質量的速度是第二個質量的 3 倍，因此，我們論斷第一個質量是第二個物體的三分之一。要決定兩個質量的比例，這個方法肯定不實際。即使如此，我們仍能用慣性定律在想像中完成這個或其他類似的過程。

現實中，人們如何決定質量呢？想當然，不是用剛才提到的方式。所有人都知道答案，我們用秤來測量物體的質量。

針對兩種測量質量的不同方式，我們討論一下其中的細節。

第一個實驗，跟重力或者地球的引力沒有任何關連。受到堆力後，推車在完美平滑的水平面上移動。重力使推車停留在水平面上，在運動過程沒有發生任何變化，也和決定質量的過程無關。在秤重的實驗裡，情形大不相同。如果重力不存在，地球和物體不會互相吸引，秤也不可能有作用。兩種決定質量的方式之間的差異是，第一種方式和重力無關，而第二種方式基本上奠基於重力的存在。

我們問：如果分別用上述兩種方式決定兩個質量之間的比例，會得到相同結果嗎？實驗結果給出明確的答案，兩個

方式取得的結果沒有差別！這個結果出乎預期，而且它不是通過推導，而是基於觀測得到的結果。為了簡單起見，我們由第一種方式決定的質量稱為**慣性質量**（Inertial Mass），第二種方式決定的質量稱為**重力質量**（Gravitational Mass）。在我們的世界裡，兩者正好相等，但是，我們大可想像兩種質量完全沒有非得相等的理由。另一個問題馬上浮現：兩種質量之所以相等，是單純出自巧合，還是有某種更深層的重要性？以古典物理的角度來看，答案是它是某種巧合，也沒有更深層的意義。近代物理的答案正好相反，兩種質量的相等，牽涉到根本性的原理，也是一條全新的根本線索，通往更為完備的理解。事實上，它也是廣義相對論的發展中最重要的線索之一。

如果只把特殊事件解釋為某種巧合，解謎故事就顯得不太高明。讀者更喜歡讀到情節合理的故事。理論也是如此，能合理解釋慣性質量和重力質量相等的理論，比起將之解釋為巧合的理論，兩者高下立判。當然，前提條件是兩個理論必須符合觀測到的現象。

由於建構相對論的過程中，慣性質量與重力質量相等的現象有根本的重要性，現在再深入檢視一會也是合理的。是哪一項實驗，給出讓人信服的證據，證明兩種質量是相等的？答案在伽利略的古老實驗裡。他把不同質量從塔上拋下，並留意到不同質量落下所需的時間間隔都是一樣的，下

落物體的運動狀態和質量並沒有關係。要把這項非常重要的簡潔實驗結果，連結到兩種質量相等的現象，需要一些有趣的推導。

一個靜止物體屈服於外部作用力，獲得速度，開始移動。如果物體具有較大的慣性質量，它對運動的抵抗會更強烈，強於具有較小慣性質量的物體。接下來的比喻，我們無意以嚴謹的態度處理：物體的慣性質量，決定了物體是否準備好回應外部作用力的召喚。假設地球真的以相同大小的力吸引所有物體，那麼，慣性質量最大的物體，下墜速度會是最慢的。但實際情形並非如此：所有物體下墜的模式都是相同的。這個現象代表地球對不同質量的物體的吸引力，一定是不同的。現在，地球是用重力吸引一顆石頭，吸引力和石頭的慣性質量無關。地球「召喚」石頭運動的力有多大，和重力質量有關。石頭「回應」的運動，則和慣性質量有關。因為「回應」的運動永遠相同——從相同高度下墜的所有物體，運動模式相同——唯一可能的結論是，重力質量與慣性質量相等。

物理學家要更吹毛求疵，他們的結論是：下墜物體的加速度，隨著物體的重力質量，成正比增加，也同樣隨著它的慣性質量，成正比減少。由於任何墜落物體的加速度都是定值，所以重力質量和慣性質量必定相等。

我們偉大的解謎故事中，從來沒有謎團被完美地解決。

從最初的運動之謎的 300 年後，人們重新檢視這個謎團，調整了調查的方式，然後發現原先忽略的線索，最後得到完全不同的宇宙圖像。

熱是物質嗎？

　　這一節我們開始追尋一條從熱的現象發現的新線索。不過，科學不可能切分成完全不相關的獨立學門。我們很快會發現，新的觀念，緊緊糾纏在已然熟悉的舊觀念的網絡中。從一條科學分支延伸而出的思路，時常能應用到性質看似差異很大的現象中。舊觀念套用到新現象時，常常要做一些調整，我們不僅理解新現象，也對當初發現舊觀念的現象有新的認識。

　　描述熱現象的根本觀念包含**溫度（Temperature）**與**熱（Heat）**。科學歷史上，人們用了長得難以置信的時間，才分辨出兩種觀念。不過，過了這道檻，後面的發展也同樣地快。雖然現在人們很熟悉這些觀念，我們還是要仔細檢視一番，再次強調兩種觀念的差異點。

　　通過觸覺，我們可以感覺到熱的物體與冷的物體差別很

大。但是，觸覺只是質化的標準，不足以形成量化的描述，有時甚至會騙人。有個知名實驗可以說明這一點。有 3 個容器，分別裝著冷水、溫水和熱水。如果我們把一隻手放進冷水，另一隻放進熱水，第一隻手告訴我們水是冷的，第二隻說水是熱的。然後，如果把兩隻手，同時放進同一盆溫水，兩隻手會告訴我們完全相反的結果。基於同樣的理由，在春天，愛斯基摩人與某個熱帶國家的民族到紐約開會時，對當地的天氣是冷還是熱，會有不同的意見。溫度計可以公平解決剛剛的爭議，這種儀器的原型是伽利略設計的。我們又遇到熟悉的名字了！溫度計的背後，藏有幾個明顯的物理假設。我們可以引用大約 150 年前，布萊克（Joseph Black，1728-1799）在課堂上講過的幾句話，找出這些假設。布萊克在分辨熱與溫度的過程，掃除不少障礙，貢獻良多。他說道：

有了剛剛講過的儀器，如果我們把 1000 種，甚至更多不同種類的物質，像是金屬、石子、鹽、木頭、羽毛、羊毛、水，以及各種液體，帶進同一間不受日曬，也沒有火源的房間。剛進房間時，雖然物體帶有不同的「熱」，但熱會從較熱的物體，移動到較冷的物體。大概過個一天左右，也可以是幾個小時，此時，使用剛才講過的熱度計，一個一個測量所有物體，它會顯示完全相同的結果。

上段引文以引號標示的**熱**，以現代術語來說，改用**溫度**比較合適。

醫生從病人嘴裡拿出溫度計時，他可能會想到：「水銀柱的長度，代表溫度計本身的溫度。假設水銀柱長度的增加比例，與溫度上升的比例相同。不過，溫度計在剛剛幾分鐘裡接觸到我的患者，所以患者的體溫和溫度計的溫度相同。因此，我的結論是，患者的體溫就是溫度計記錄到的溫度。」對醫生來說，量體溫十之八九是機械化的動作，大概沒想到自己用到了物理定律。

但是，這代表溫度計與人體帶有等量的熱嗎？當然不是。以布萊克的觀點來看，只是因為溫度相同，就假設兩個物體帶有等量的熱……

是一種非常草率的觀點。把物體含有的熱的總量，連結到物體本身的發熱強度，會造成混淆。雖然這是兩件明顯不同的事，當我們考慮熱的傳導時，它們必須被明確地區分開來。

考慮一個非常簡單的實驗就能更了解兩者的差異。用瓦斯加熱一磅重的水，過一陣子，水溫才會從室溫上升到沸點。用同一個容器和火源，要把 12 磅重的水燒開，要花上長得多的時間。這個現象，我們的詮釋是，把第二個例子的水燒

開，需要更多的「某物」。我們把「某物」稱為**熱**。

　　下面的實驗，能延伸出進一步的觀念：**比熱（Specific Heat）**。有兩個容器，分別盛裝 1 磅重的水，和 1 磅重的水銀。以相同方式加熱兩個容器，水銀變燙的速度比水快得多，代表要讓溫度變化 1 度，水銀需要的「熱」比較少。一般來說，質量相等的不同物質，例如水、水銀、鐵、銅，或是木頭等等，他們的溫度改變 1 度的過程，例如從華氏 40 度到華氏 41 度，牽涉的熱量也不同。每種物質具有自己的**熱容（Heat Capacity）**，也就是**比熱**。

　　有了熱的觀念，就能馬上進一步檢驗它的本質。有兩個物體，一個比較熱，一個比較冷；準確來說，有一個物體的溫度高於另一個。我們讓兩個物體接觸，並排除其他外在影響。我們知道，兩個物體的溫度終究會形成相等的狀態。這個狀態是如何產生的？從接觸的瞬間，到溫度相等的狀態，兩個物體這段時間發生什麼事？熱從一個物體「流動」到另一個物體，就像水從高處流向低處，這個圖像自然地浮現。這個圖像雖然粗糙，但看起來和大部分現象並不矛盾，由此產生以下的對比：

水—熱

高水位—高溫

低水位—低溫

流動現象會持續到兩邊的水位也就是兩個物體的溫度相

等的時候。這個單純的觀念還能透過量化變得更加實用。如果把特定質量和溫度的水及酒精混在一起，我們能用比熱的知識預測混合物的溫度。反過來說，只要觀察最後的溫度，加上一點代數，也能找出兩種物質比熱的比值。

從熱的觀念，可以看出它與其它物理觀念的相似之處。從我們的觀點，熱是一種物質，就像力學的質量。它的量可以改變，也可以固定，就像金錢可以花用，或置於保險箱。只要上鎖，保險箱裡的錢不會變多，也不會變少；獨立系統中，物體的質量與熱也不會改變。理想的熱水瓶，就像個保險箱。不僅如此，發生化學反應時，獨立系統的質量還是固定的；同理，當熱從一個物體流動到另一個物體時，它也會守恆。即便熱不是用於提升物體溫度，而是使冰融化，或是將水轉變為蒸氣，我們依然能將它想成一種物質，只要讓水結凍，或是液化水蒸氣，就可以完整取回熱。融化和汽化的潛熱（Latent Heat），這個詞相當有歷史，也顯現出這些觀念如何從熱是一種物質的圖像中產生。潛熱是暫時隱藏的熱，就像保險箱裡的金錢，只要擁有鑰匙，潛熱就能釋放出來使用。

不過，熱這種物質顯然和質量有所不同。質量可以用秤測量，但是要用什麼來測量熱？火紅的鐵會比冰涼的鐵更重？實驗結果顯示，這種現象不存在。如果熱真的是物質，它也是無重量的物質。「熱物質」曾經被稱為**熱質**

（Caloric），是無重量物質的家族中我們首先認識的一員。我們往後會有機會探討無重量物質的家族興衰史，現在，注意到一個成員的誕生就夠了。

任何物理理論，目的都是盡可能對範圍更廣的現象提供解釋。只要它們能讓不可解的現象有合理的解釋，就站得住腳。我們看到，物質理論是可以解釋很多熱的現象的。然而，我們很快會明白，這又是一條假線索。熱不能視為一種物質，加上無重量的性質也無法彌補理論的缺陷。只要想想象徵文明起源的幾個簡單實驗，就能明白箇中道理。

我們認為，物質具有不能被創造或毀滅的性質。然而，原始人用摩擦的方式產生足以引燃木頭的熱。我們太熟悉摩擦生熱的例子了，它們多得不可勝數，也不需要深入描述。所有產生熱的例子都很難由物質論解釋。確實，物質論的支持者能發明論證解釋這些現象。可能的想法是：物質論可以解釋熱顯然能被產生的現象。用最簡單的例子說明，有兩塊木頭互相摩擦，摩擦的動作對木頭產生影響，改變了它的性質。等量的熱，很可能使性質改變的木頭，溫度上升的幅度比以往更大。畢竟，我們只有觀察到溫度上升的現象。摩擦改變的是木頭的比熱，而不是熱的總量，這種可能性確實存在。

討論到了這個階段，繼續和物質論者爭論意義不大，只有實驗才能解決這個爭端。想像兩個相同的木塊，並假設它

們經由兩種方式上升到相同的溫度。舉例來說，其中一塊通過摩擦，另一塊則和暖氣機接觸。如果兩塊木頭到達新的溫度時，有著相同的比熱，那麼物質論將會完全崩解。有個非常簡單的方法可以決定比熱，物質論的命運掌握在一個小小的測量動作。足以宣判理論生死的實驗，在科學史上並不少見，它們名為關鍵（Crucial）實驗。關鍵實驗的價值，展現在它組織問題的方式。若現象有多種理論可解釋，關鍵實驗每次只會檢驗其中一種。找出材質相同兩物體之比熱的實驗，就是典型的關鍵實驗，兩個物體，分別透過摩擦和熱質流動，升到相同溫度。距今約 150 年前，倫福德（Sir Benjamin Thompson, Count Rumford，1753-1814）完成了這項實驗，對熱的物質說揮出了終結的重拳。

我們節錄倫福德本人的手稿，回顧這段往事：

機會，常常在平凡事物與生活瑣碎中來敲門，令人們對大自然奇特的運作方式陷入深思，許多有趣的科學實驗因此誕生。它們以機械儀器進行，成本低廉、易於進行，只追求藝術與工業的純粹機械目的。

我常常遇到這樣的觀察機會。而且，我相信，比起特意空出大把時間，苦心孤詣地單獨冥想的哲學家們，在工作或生活的平凡步調中，維持對任何事物多加留心的習慣，更能產生有效的結果。有時是意外，有時是想像力的郊遊，我們

開始深入思索，在平凡無奇的表象下發現可疑的著力點，接著得到合理的調查與改善計畫……

最近，我在慕尼黑軍火庫的兵工廠，監督砲管的鏜孔工作。我非常驚訝，在鏜孔的過程中，黃銅製的砲身，竟然在短時間裡產生非同小可的熱。不僅如此，鏜孔刀切下來的金屬碎片，散發的熱甚至更強（比沸騰的水更強烈，我從實驗確認過這一點）……

剛剛提的機械運作過程所產生的熱，實際上是哪裡來的？

是鏜孔刀從金屬塊切下來的碎片提供了熱嗎？

如果真是如此，那麼，根據現在的潛熱理論與熱質說，不僅金屬的比熱會改變，其改變的幅度，也應該大到足以說明過程中大量產生的熱。

但是，根據我的發現，比熱的改變並沒有發生。重量相等的金屬碎片，以及用銳利的鋸子從同一塊金屬切下來的金屬薄片，在兩邊溫度相同的條件下（沸水的溫度），把它們放進等量的冰水中（水溫華氏 59 度），結果是，放入金屬碎片的水，比起放入金屬薄片的水，不管怎麼看，溫度沒有比較高，也沒有比較低。

最後，倫福德得到結論：

除此之外，考慮這個問題時，最不能忽略的異常狀況是這些實驗中，摩擦產生的熱顯然是無窮無盡的。

至此，也不太需要再提起，能不間斷地提供無上限熱量的絕熱物體或系統，不可能是實體的物質。以我個人的角度，實在無法想像除了運動之外還有任何東西，除了能被激發和轉移外，激發和轉移時的表現還要與實驗中的熱相同。

至此，我們見證了古老理論的衰落，更準確地說，是熱的物質論的解釋能力範圍被限制在熱的流動。再一次，就像倫福德埋下的伏筆，我們要找出新的線索。所以，我們暫時把熱的問題放到一旁，回到力學的討論。

雲霄飛車

我們來分析熱門的刺激遊樂器材，雲霄飛車的運動。有一列飛車爬升到軌道的最高點。煞車放開後，在重力作用下，它向下俯衝，隨後沿著詭異的彎曲軌道上上下下，因為速度的變化，乘客們驚叫連連。雲霄飛車都有一個最高點，也是起點。在整個運動過程中，它永遠不會回到相同高度。這段運動的完整描述會很複雜，其一是力學觀點，追蹤不同時間點速度和位置的改變；其二是摩擦力的觀點，發生在軌道和車輪之間，也就是熱的來源。將物理過程分成兩種觀點，只有一個重要的理由：為了讓先前討論過的觀念派上用場。切分後，能得到一個理想實驗，因為單純涉及力學的物理過程只存在想像裡，不可能實現。

這項理想實驗，我們想像有人找到方法可以完全消除伴隨運動產生的摩擦力。他決定把這項發現用在雲霄飛車，也

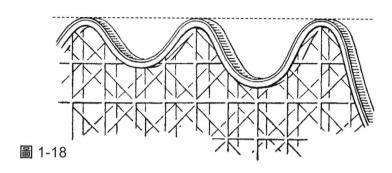

圖 1-18

找出施工的方法。假設新雲霄飛車會有上上下下的軌道，起點預計離地 100 呎。經過一番嘗試錯誤，主角很快發現，他的設計必須遵守一條簡單的規則：只要軌道上沒有任何一點高於起點，他能隨意設計軌道的形狀。如果想讓飛車順利抵達終點，它的高度絕對不能超過 100 呎，但是只是上升到 100 呎，不管幾次都沒問題。在現實的軌道上，飛車永遠無法回到起點的高度，不過，我們的夢幻工程師不用考慮這點。

　　從理想飛車自起點向下移動開始，我們來追蹤它在理想軌道上的運動。飛車與地面的距離逐漸減少，速度逐漸上升。第一眼看見剛才的句子，讓人想起一堂語言課：「我沒有鉛筆，但是你有 6 顆橘子。」這個對比並非毫無意義。我沒有鉛筆，你有 6 顆橘子，兩件事情沒有任何關連；然而，飛車與地面的距離和飛車的速度，兩者存在真實的關連。在任意時間點，如果我們知道飛車與地面的距離，就能算出飛車的速度。不過，因為這個現象牽涉到計量，數學方程式是最適

合的表達方式，我們先跳過深入的探討。

在最高點，飛車速度為零，離地高度是 100 呎。在最低點，飛車離地高度為零，速度達到最大。這個現象能用其他術語改寫。在最高點，飛車具有**位能**（potential energy），卻沒有**動能**（kinetic energy），也就是運動的能量。在最低點，飛車的動能達到最大，沒有位能。在兩者間的任何高度，飛車具有速度和高度，同時擁有動能和位能。位能隨著高度上升而增加，至於動能，則是隨速度上升而增加。力學原理足以解釋飛車的運動。數學描述中，兩種能量形式的數值都可以變動，但兩者的總和是固定值。因此，可以用數學嚴格地定義出位能和動能的觀念，位能以位置定義，動能用速度定義。兩種觀念的命名，只是由於使用上的便利，自然沒有特殊涵義。兩個量的總和不變，稱為運動常數。位能與動能相加，可以得到總能量，它就像一筆數額固定的款項，常常以固定匯率兌換成不同貨幣，例如從美金換成英鎊，然後再換回來。

在現實世界，能量同樣在位能和動能間不斷轉換，摩擦力的存在，使雲霄飛車無法再次回到出發點的高度。然而，這裡的總能量不是常數，而是漸漸變小。

現在，我們勇敢地踏出重要的一步，把運動的兩種觀點連結起來：力學的觀點，與熱的觀點。不用太久，就能看到這一步的豐富成效，和推廣的潛力。

圖 1-19

　　在動能與位能之外，這個例子還涉及其他因素，也就是摩擦產生的熱。摩擦產生的熱，能對應到動能與位能減少的量，也就是力學能的變化嗎？新的猜測浮現了。如果熱可以視為能量的一種形式，也許三種能量的總和——熱、動能，和位能——會是一個常數。不只是熱本身，而是熱和其他形式的能加起來，才像物質一樣具有不可消滅性。這就像人們把美金換成英鎊時，付了一筆法郎當作手續費。手續費也要納入計算，如此一來，美元、英鎊和法郎在固定匯率下，總和是不變的。

　　科學進展，推翻把熱視為物質的舊觀念。我們試著創造新的實體，能量，並把熱視為能量的一種形式。

轉換率

　　不到 100 年前，種種蛛絲馬跡都指向熱其實是能量的一種形式，在邁爾（Julius Robert von Mayer，1814-1878）提出猜想後，焦耳（James Prescott Joule，1818-1889）以實驗證實。令人訝異的巧合是，有關熱的本質的重大發現，幾乎都是業餘物理學家所完成，這些人通常只把物理研究當成重要嗜好，像是多才多藝的蘇格蘭人布萊克（Black）、德國物理學家梅爾，還有偉大的美國冒險家倫福德伯爵。倫福德後來移居歐陸，成為了巴伐利亞的戰爭部長，同時也從事其他工作。英國的釀造師焦耳，在閒暇之餘，完成了史上最重要的幾個有關能量轉換的實驗。

　　透過實驗，焦耳證實熱是能量的一種形式，也確立了熱和能量數學上的轉換率。他的成果值得我們花時間探討一番。

　　一個系統的力學能由動能和位能組成。在雲霄飛車的案例，我們猜測部分力學能轉成了熱。如果猜測正確，在所有類似的物理過程中，力學能和熱一定存在某個固定的**轉換率**。這是一個嚴謹的定量問題，但更重要的是，定量的力學能可以轉換成定量的熱能的事實。我們應該找出轉換率的數值，也就是說，給定某個量的力學能，我們能得到多少熱？

　　確定轉換率的數值是焦耳的研究目標。在他的實驗中，有項實驗的機制和重力鐘的運作原理相當接近。幫重力鐘上發條的方式是把兩個重物拿到高處，藉此增加系統的力學能。如果時鐘沒有再受干擾，我們可以將它視為封閉系統。隨著重物慢慢下降，時鐘開始走動。在某個時刻，時鐘將因為重物降到最低點而停下。那麼，能量到哪裡去了呢？重物的位能轉換成時鐘作用的動能，並逐漸以熱的形式耗散。

　　焦耳巧妙地調整了上面提到的機制，讓他得以測量熱損

圖 1-20

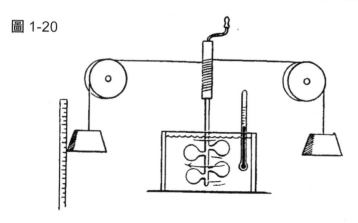

耗，並藉此找出轉換率。在他的實驗裝置中，兩個重物的下降會轉動浸在水中的槳葉。重物的位能轉換成可動部位的動能，也因此變成熱，使水的溫度提升。焦耳測量水溫在過程中的變化，利用水的比熱是已知的事實，計算出水一共吸收了多少熱。他將多次試驗的結果總結如下：

第一：物體間摩擦產生的熱，不論該物是固體或液體，該熱的總量永遠和消耗的力（焦耳這裡的意思是能量）的總量成正比。

再來，第二：使 1 磅重的水（在真空中秤重，取樣水溫介於華氏 55 度到華氏 60 度）升高華氏 1 度所需的熱，可以用 772 磅的重物在空間中下降 1 呎的期間，裝置運作消耗的力學力（能）來代表。

也就是說，772 磅的重物升高到離地 1 呎後，它的位能等同於將 1 磅重的水從華氏 55 度加溫到華氏 56 度所需的熱。雖然後人的實驗能得出更精確的結果，但焦耳在他前瞻性的工作中，基本上確立了熱與力學能的等價關係。

哲學背景

　　科學研究的結果，常促使哲學改變看待問題的方式，這就遠遠超出科學有限的範疇。科學的目標是什麼？嘗試描述自然的理論，要符合哪些要求？這些問題雖然超出物理的界線，兩者卻有緊密的關連，因為科學正是構成這些問題的材料。科學在哲學上的推演，必須奠基於科學結果。一旦哲學推演得到多數認同，它們也常指出幾條可能的發展方向，影響科學思想的進步。主流觀念的重大變革會產生全然不同的、出乎意料的進展，成為新哲學觀點的源頭。這些評論聽起來空泛又毫無意義，我們得引用物理史的實例說明才行。

　　我們試著描述第一個論及科學目的的哲學觀點。這些觀點對物理發展一直維持重要的影響力，直到 100 年前，新的證據、現象和理論促使人們放棄舊的哲學觀點，讓科學有了伸展拳腳的新空間。

　　科學的歷史，從希臘哲學到近代物理，人們不斷追求將看似複雜的自然現象簡化為簡單的基本觀念，並將觀念連結起來。這是所有自然哲學背後的基本原則。這個原則，甚至在原子論者的著作裡都能看見。早在 23 個世紀以前，德謨克利特（Democritus，前 460- 前 370）就寫道：

　　我們習慣把甜稱為甜，習慣把苦稱為苦，把熱稱為熱，冷稱為冷。但是，現實中只有原子和虛無。也就是說，雖然感官的對象應該是真實的，人們一般也這麼認為，但是，它們實際上並非真實。只有原子和虛無是真實的。

　　它只是古代哲學中一個巧妙的想像力產物。連結一連串事件的自然定律，對希臘人來說還是未知。將理論與實驗結合的科學，從伽利略的工作才算有個起頭。在第一條線索的指引下，我們找到運動定律。200 年來，有關力與物質的科學研究，是人類探索自然的努力背後的骨幹。我們無法想像少了力與物質任何一項的自然。因為物質作為力的來源，作用在其他物質上，藉此展現本身的存在。

　　讓我們考慮最單純的例子：某個力作用在兩個粒子間。最容易想像的是引力和斥力。不管哪一種情形，力的向量都位在兩個物質構成的點的連線上。為求簡潔，自然會想到兩粒子互相吸引或排斥的圖像。若假設力作用在其他方向，圖

圖 1-21

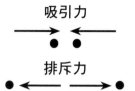

吸引力

排斥力

像會複雜不少。在此之上,針對力向量的長度,我們能再加一條同樣單純的假設嗎?儘管我們有意避開太特殊的假設,加上這條也無傷大雅:任意兩粒子之間的力,只和兩者距離有關,例如重力。看起來,它也夠單純。更加複雜的作用力也不難想像,像是有些不只受距離影響,也和兩粒子速度有關的作用力。使用物質和力作為基礎觀念的話,我們很難想像比作用在粒子連線上,只受距離影響的力更單純的假設。但是,單靠這一種作用力,足以描述所有物理現象嗎?

　　力學在衍生領域的偉大成就,像天文領域驚人的進展,甚至乍看之下不屬於力學的問題,其實也能套用力學觀念。這些成功加深了人們的信念,只要用不可改變的物體之間單純的作用力,就能解釋所有自然現象。從伽利略以降,兩個世紀間,幾乎所有的科學產物都有意或無意地朝這個方向努力。19 世紀中,亥姆霍茲(Hermann von Helmholtz,1821-1894)把這項信念化為文字:

　　終於,我們發現,物質的物理科學是將自然現象轉換為不可變動的吸力與斥力,其強度只和距離有關。這個問題的

解答，是完全理解自然的必要條件。

根據亥姆霍茲的說法，科學的發展路徑已經確定，往後將分毫不差地走向固定方向：

不僅如此，只要所有自然現象都能化簡為單純的力，並且到證據，證明它是簡化現象的唯一途徑，科學工作將迎來終點。

在 20 世紀的物理學家眼中，這個想法既笨拙又天真。他可能不敢想像偉大的探索工作能如此順利地結束，而且也會因為可靠的宇宙圖像就此定案而感到興趣索然。

雖然早期物理學家相信，所有的現象都能縮減成單純的作用力，他們還是留下為何力和距離有關的問題。在不同現象，力隨距離的改變程度有可能不同。為了不同狀況，而引入多種類的力，以哲學觀點來看不能說是盡善盡美。儘管如此，所謂的**機械論**（mechanical view），主要由亥姆霍茲清楚定義，在當時扮演著重要的角色。物質的動力理論方面的進步，是機械論影響下最偉大的成就之一。

談到機械論的衰退前，我們暫時先接受這個上一個世紀的物理學家之間的主流觀點，看看以這個外在世界的圖像為出發點，能得出什麼結論。

物質的動力理論

　　許多粒子通過單純的力在交互作用下形成的運動，能解釋熱的現象嗎？有個封閉容器，裝有溫度固定、質量固定的氣體，例如空氣。我們用加熱的方法升高氣體溫度，系統能量因此上升。但是，此處的熱和運動如何產生連結？我們暫時接受的哲學觀點，和熱能由運動產生的現象，都指向一種可能性。如果所有問題都是力學問題，熱必定是一種力學能。**動力理論**的目標，就是用力學表示物質的觀念。動力理論認為，氣體是數量龐大的粒子或稱為**分子**，形成的集合體。分子在所有方向上移動，互相碰撞，每次碰撞都會改變運動方向。分子的集合體一定存在一個平均速度，就像大型人類社會，存在平均年齡和平均財富。因此，一定存在每個粒子的平均動能。容器中含有越多的熱，代表平均動能更大。因此在這個圖像中，熱不是力學能之外的一種特殊能量形式，而

是分子運動的動能。每一個特定溫度，都對應到一個特定的分子平均動能。事實上，這個假設不是憑空產生的。如果想為物質建構一個具有一致性的力學圖像，我們必須將分子動能視為衡量氣體溫度的方式。

這個理論不只是想像力的產物。我們可以證明，氣體的動力理論不只符合實驗結果，也為熱的現象帶出更深刻的理解。以下用幾個例子來說明。

有一個容器，開口處有一個可以自由移動的活塞。容器內有定量的氣體，保持在固定溫度。活塞一開始靜止於某個位置，且移除重物能使活塞上升，增加重物能使活塞下降。想讓活塞下降，力必須作用容器內氣壓的反方向。從動力理論的角度，內部壓力通過什麼機制產生作用？數量龐大的粒子組成了氣體，在所有方向上移動，它們不斷轟炸容器壁和活塞，然後反彈，就像把球丟向牆壁那樣。為數眾多的粒子

圖 1-22

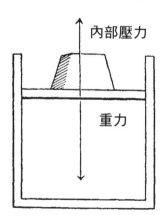

持續轟炸，對抗在活塞和重物上向下作用的重力，使活塞維持一定的高度。固定的重力在一個方向，另一個方向則是許多分子的不規則碰撞。這些不規則的微小作用力對活塞造成的淨效應，必須等於重力的效應，如此一來才能達成平衡。

假設活塞被向下推，將氣體的體積壓縮到原先的數倍小，比方說，體積剩下原本的二分之一，而且溫度和初始狀態相同。根據動力理論，我們可以預期什麼改變？相較於初始狀態，碰撞帶來的力效用會變大，還是減小？粒子的分布現在更加緊密。雖然平均動能沒有變化，粒子和活塞的碰撞會更加頻繁，因此，力的總和也會更大。從動力理論的圖像看來，讓活塞維持在低的位置需要更多重量。很多人都知道這個單純的實驗事實，而我們的預測卻能從物質的動力觀點自然產生。

考慮另一種實驗設計。有兩個容器，裝有同體積、同溫度的不同氣體，以氫氣和氮氣為例。假設兩個容器以相同的活塞封口，活塞上有兩個相等的重物。簡單來說，這代表兩種氣體的體積、溫度與壓力是相同的。因為溫度相等，根據先前的理論，粒子的平均動能也相等。又因為壓力相等，碰撞活塞的力也相等。平均下來，每個粒子帶有相同能量，而且兩容器的體積也相同。因此，即使容器內的氣體在化學上屬於不同種類，**容器內的粒子數量必定相同**。這項結果，對解讀化學反應來說非常重要。這代表給定特定體積、溫度，

和壓力時，分子數是氣體的特徵，這個性質不限特定氣體，適用於所有的氣體。最令人驚訝的是，動力理論不僅預測到這項常數的存在，還能計算出它的數值。我們很快就會回來討論這一點。

物質的動力理論，使實驗得出的氣體定律有了定性與定量的解釋。不僅如此，動力理論的應用並不止於氣體，儘管它在氣體領域的應用是最成功的。

氣體能以降低溫度的方式液化。物質的溫度降低，意味著它的粒子平均動能也降低了。因此，同種物質在液態時，粒子平均動能顯然比氣態時要小。

液體中粒子的運動，因為奇特的**布朗運動（Brownian motion）**現象，首次吸引了人們的目光。如果沒有物質的動力理論，它會是無法理解的謎團。首先觀察到布朗運動的是植物學家布朗（Robert Brown，1773-1858）；80 年後，本世紀初，它才得到恰當的解釋。想觀察布朗運動，只需要一個普通的顯微鏡就足夠了。

當時，布朗在研究某種植物的花粉：

有某種大得不尋常的粒子，或者叫做顆粒，它們的直徑大約介於四千分之一到五千分之一英吋之間。

布朗深入描述道：

　　當我把這些粒子浸在水裡檢視，我觀察到許多粒子明顯地正在運動……這些粒子像是想討我歡心，我多觀察了幾次，這種運動的成因不是液體的流動，似乎也不是因為液體逐漸蒸發。它似乎屬於粒子本身。

　　布朗看到的是粒子懸浮在水中時，不斷發生的擾動現象，這在顯微鏡下是可見的。他的觀察力令人驚艷！

　　植物種類是布朗運動的發生條件嗎？布朗用不同種植物重複實驗，解答了剛才的疑問：只要夠小，所有粒子懸浮在水中時都發生類似的運動。他進一步發現，不僅是有機物，非常小的無機物粒子也會發生類似不規則的、焦躁的運動。布朗甚至用上斯芬克斯像的碎片磨碎後的粒子，也觀察到同樣的現象！

　　這種運動如何解釋？乍看之下，它似乎和先前的所有經驗相違背。不過，如果每 30 秒檢視一次某個懸浮粒子的位置，會揭露出一條美妙的軌跡。驚人的是，這種運動似乎永不停止。把一個擺放進水中，如果沒有外部力的推動，不一會就會靜止下來。永不消退的運動，就像和所有的過往經驗唱反調。這個難題，由物質的動力理論漂亮地解決。

　　即使用上最先進的顯微鏡，我們還是看不見水分子，以及物質的動力理論所描述的運動。如果把水解釋為粒子的集合體的理論是正確的，唯一可能的結論，就是水的粒子的大

小，小於最精密顯微鏡的可視極限。雖然結論如此，我們再堅持一下，假設這個理論確實給出和現實世界一致的圖像。在顯微鏡下，布朗粒子是可見的，被更小的、構成水的粒子不斷地撞擊。布朗運動發生的條件，是被撞擊的粒子必須足夠小。這種運動之所以存在，是因為微小粒子在不同方向上的撞擊強度並不均勻，平均下來無法抵消，也造成布朗粒子不規則的、偶然的運動模式。因此，可見的運動，其實是不可見的運動的結果。大粒子的運動模式，某種程度上也反映出分子的運動模式。可以這麼說，大粒子的運動把小粒子的運動放大到顯微鏡下可見的程度。布朗粒子不規則、偶然的運動軌跡，反映出更小的、構成物質的粒子，類似的不規則運動軌跡。因此，我們意識到，布朗運動的量化研究，能對物質的動力理論帶來更深入的理解。顯然地，可見的布朗運動，和進行撞擊的不可見粒子的大小有關。如果進行撞擊的粒子不帶有能量，或者說，不帶有質量和速度，布朗運動根本不會發生。布朗運動的研究引起決定分子質量的研究，也是意料之內的吧。

在辛勤的研究下，動力理論的理論、實驗，以及定量的工作逐漸完成。從布朗運動得到的線索，人們得到量化的數據。同一份數據，也能從其他線索開始，經由不同途徑得到。同一個觀點，能用不同方法得到佐證是很重要的，因為這顯示出物質的動力理論內在的一致性。

　　雖然經由理論和實驗得到的定量結果有很多，此處只會提到一項。假設我們有 1 公克的氫，所有元素中最輕的一種，我們問道：這 1 公克的氫，總共有多少粒子？這個答案不只適用氫氣，也能推廣到其他氣體，我們已經知道在何種條件下，兩種氣體會有相同的粒子數。

　　現有的理論使我們能透過測量懸浮粒子的布朗運動，回答這個問題。這個數字大得驚人：3 後面跟著 23 個數字！ 1 公克的氫，含有

303,000,000,000,000,000,000,000 個分子

　　想像把 1 公克的氫含有的分子，放大到顯微鏡下可見的大小：比方說直徑五千分之一英吋，接近布朗粒子的大小。然後，把這些分子打包起來，這得用一個邊長高達四分之一英里左右的正方形盒子！

　　把先前得出的分子數，除以 1 公克，我們很容易的能算出一顆氫分子的質量。結果是一個小得驚人的數字：

0.0000000000000000000000033 公克

這是一顆氫分子的重量。

　　從布朗運動而來的實驗，只是許多獨立得出這個數字的

實驗的其中一員。這些實驗是物理中相當重要的一部分。

　　從物質的動力理論，還有它的所有重要成果，我們看見一個哲學目的的實踐：將所有現象簡化為物質粒子之間的交互作用。

本章結語

　　力學，能夠預測移動物體未來的路徑，也能揭露它的過去，只要現在的條件及作用力已知。因此，例如所有行星的路徑，都是可以預測的。其作用力是牛頓的重力，而作用力的大小只和距離有關。古典力學取得的偉大成就，使人們認為機械論能一致地套用到物理學的所有領域，所有現象都能用吸引力或排斥力解釋，這兩種力只和距離有關，作用在性質不變的粒子上。

　　在物質的動力理論中，我們看見這種觀點如何從力學問題產生，再應用到熱的現象；也見到它如何塑造出一個成功描述物質結構的圖像。

本章附圖

顯微鏡下的布朗運動（F. Perrin 攝）

長時間曝光所攝得的一個布朗粒子（Brumberg 和 Vavilov 攝）

一顆布朗粒子的
連續位置

從連續位置平均後
得出的路徑

第 2 章

機械觀的衰落

兩種電流體

　　接下來的篇幅會談到一份枯燥的實驗報告,和一系列非常簡單的實驗。報告之所以會無聊,除了因為記述本身不如實驗結果精彩,也因為實驗結果的物理意義,要等到理論誕生才會顯現出來。我們的想法是,透過這個顯著的例子,說明理論在物理學扮演的角色。

　　實驗一:一條金屬塊由玻璃基座支撐,金屬塊的兩端經由導線和驗電器連接。驗電器是什麼?它是一個結構簡單的儀器,只有兩葉金箔懸在一小片金屬的末端。整組裝置被封在一個玻璃罐,或叫玻璃瓶裡,金屬片只接觸到非金屬物體,稱為絕緣體。除了驗電器與金屬塊,我們還有一條硬橡膠棍,和一條法蘭絨布。

　　實驗按照下列方式進行:我們觀察金箔葉片是否保持密合,因為這是它們的正常狀態。如果葉片沒有密合,就用手

圖 2-1

指碰觸金屬塊使葉片閉合。以上準備工作完成後，用法蘭絨布大力摩擦橡膠棍，再用橡膠棍接觸金屬塊。如圖 2-1，金箔葉片立刻張開了！即使移開橡膠棍，葉片依然保持張開的狀態。

　　實驗二：我們操作另一個實驗，使用和前一個實驗相同的裝置。再次從金屬葉片閉合的狀態開始實驗，這次我們不讓橡膠棍實際接觸金屬塊，而是靠近後維持一小段距離。葉片再次張開。但是，這次不太一樣。沒有接觸金屬塊的狀況下，橡膠棍移開後，葉片立刻回到閉合的正常狀態，張開的狀態沒有維持下去。

　　實驗三：讓我們微幅調整實驗器材，進行第三個實驗。假設金屬塊實際上是兩個部分連結在一起。我們用法蘭絨布摩擦橡膠棒，靠近金屬塊。此時，發生同樣的現象，葉片分開了。現在，我們先分開組成金屬棒的兩個部位，再移開橡

圖 2-2

膠棒。如圖 2-2，我們留意到現在葉片保持張開的狀態，而不是像實驗二，掉回閉合的位置。

　　這些單純又天真的實驗，實在不容易讓人提起興趣。在中世紀，這些實驗的演示者很可能會被處死。在我們看來，這些實驗既無聊又缺乏邏輯。如果只看過一次實驗紀錄，很難順利重複實驗流程，而且沒有一絲困惑。用上一些理論能讓實驗變得可以理解。我們可以再補充道：這類實驗很難想像會是在偶然間完成，而不是對結果已經有某種程度的想法才著手進行。

　　現在，我們將揭露背後的想法，它來自一個既單純又天真的理論，意在解釋上面描述的現象。

　　有兩種**電流體（electric fluid）**，分別稱為正電流體（＋）和負電流體（－）。某種程度上，它們的性質就像先前解釋過的物質，數量可以增加或減少，但在任何獨立系統內，總量是守恆的。但是，電流體和熱、物質和能量之間，存在根本性的差異。電流體有兩個種類。先前有關金錢的類比，除非再做推廣，否則無法使用。如果一個物體上，正電流體和負電流體剛好能互相抵消，物體就是電中性。某個人

如果資產為零，他可能真的什麼都沒有，或是他在保險箱存放的錢，與欠債完全相等。兩種電流體可以類比為分類帳的借與貸的項目。

理論的下一個假設，是同類電流體會互相排斥，異類則會互相吸引。這個假設可以用下圖表示：

圖 2-3

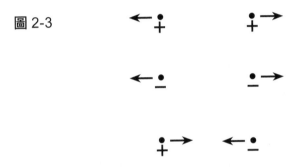

現在，理論還需要最後一條假設：物體分成兩種，一種是容許電流體自由移動的，稱為**導體**（conductors）；另一種電流體無法自由移動的，稱為**絕緣體**（Insulators）。如同這類分類工作的不變原則，我們無須用過度嚴謹的態度看待兩者的差別。完美的導體或絕緣體都是虛構的，永遠無法實現。金屬、地球和人體都是導體的例子，雖然導通的程度有所差異。玻璃、橡膠、瓷器一類的物體是絕緣體。空氣不完全是絕緣體，看過前面的實驗結果應該就能理解。把不理想的靜電實驗結果，歸咎到空氣中存在使電導性增加的濕氣，這一直是個好藉口。

以上的理論性假設，已經足以解釋前述三項實驗。讓我們從電流體理論的角度，回到先前的實驗按照先前的順序討論。

實驗一：在一般條件下，橡膠棍和其他物體一樣是電中性的。它帶有等量的正電流體和負電流體。我們用法蘭絨摩擦，分離兩種電流體。這裡的用詞純粹出於慣例，沿用了理論創造的用語來描述摩擦過程。摩擦過後，橡膠棍上數量更多的那一種電，稱為負電，這個命名顯然也是出於慣例。如果實驗使用貓毛摩擦玻璃棍，我們就要把多出來的電稱為正電，以符合使用慣例。繼續實驗，我們用橡膠棍碰觸金屬導體，將電流體送到金屬上。電流體自由地移動，分散到金屬的整個表面上，包含金箔葉片。由於負電流體和負電流體之間的作用是排斥，兩片葉片會盡可能遠離彼此，結果就是觀察到的分離現象。因為金屬安裝在玻璃和其他絕緣體上，只要空氣的電導性允許，流體將留在導體中。現在我們了解，為何實驗開始前要先用手觸碰金屬。如此一來，金屬、人體及地球，形成了一個巨大的導體，電流體過度分散，留在驗電器上的電流體，少到可以說沒有。

實驗二：這個實驗的開頭和前一個實驗相同。但是，這次不是用橡膠棍觸碰金屬，只是靠近。導體上的兩種電流體能自由移動，它們互相分離，其中一種受到吸引，另一種則受排斥。當橡膠棍被拿開，兩種電流體再次混合，因為異類電流體會互相吸引。

實驗三：現在，我們先把金屬分成兩個部分，再移開橡膠棍。這個狀況下兩種電流體無法混合，所以金箔葉片保留了其中一種多出來的電流體，維持分離的狀態。

從這個簡易理論來看，所有提到的現象似乎都能理解。它的功能不只如此，還幫助我們理解許多「靜電」領域的現象。理論的目標是引導我們找到新的事實、據以設計新實驗，隨後發現新的現象和定律。舉個例子能更清楚解釋這一點。想像對實驗二做一些調整。假設我把橡膠棍留在金屬附近，同時用手指觸碰導體，會發生什麼事？理論的答案是：受排斥的電流體（－）將逃離我的身體，留下一種電流體：正電流體。

圖 2-4

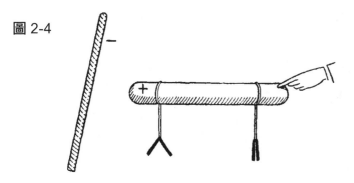

只有靠近橡膠棍的驗電器才會維持張開的狀態。實驗結果證實這項預測。

在現代物理的眼中，我們正在使用的理論既膚淺也不完備。儘管如此，它依然是個不錯的範例，展現出物理學理論

標誌性的特徵。

沒有科學理論是永恆的。理論預期的現象終有一天會被實驗推翻。每個理論都有一段成長期，逐漸取得一些成功，榮耀過後，衰退的到來可能也很快。我們討論過熱的物質論，它的興起和衰退就是一個可能的例子。之後我們會討論其他更具代表性的重要範例。幾乎所有科學的重大進展都是從舊理論的危機中浮現，從人們克服困難的努力中破繭而出。我們必須重新檢視舊觀念、舊理論，雖然它們屬於過去，但是想理解新觀念的重要性，拓展適用的範圍，回顧過去是唯一的方法。

在本書的開頭，我們將研究者比喻為偵探，偵探們收集關鍵事證，利用純粹的思索找出正確解答。基本上，這個比喻非常膚淺。現實世界與小說的犯罪事件是預設條件。雖然偵探要找出信件、指紋、子彈和槍枝之類的證物，再怎麼說，他至少知道一場謀殺已經發生了。科學家們可沒有這種待遇。應該不難想像，當時的人沒有一丁點有關電的認知，祖先們即使沒聽過電也過著幸福快樂的生活。假如把一塊金屬、一些金箔、幾個瓶子、硬橡膠棍和法蘭絨布交到一位祖先手上，總之，就是前面三項實驗所需的器材，他可能受過良好的教育，但是他大概會用瓶子裝酒，把布拿去擦東西，根本不可能著手進行我們提過的實驗。對偵探來說，犯罪是

既成事實,他的挑戰是:誰殺了知更鳥[1]?然而,某種程度上,科學家得自己動手犯案,再著手偵查。而且科學家的任務並不止於解釋單一現象,還包含所有已發生與正在發生的現象。

導入電流體的觀念時,我們能看到機械論的影響,它試圖以物質及物質間的簡單作用力解釋所有事物。機械論能否描述電的現象,我們要考慮以下問題。有兩個帶電的小球體,換句話說,小球上有一種電流體的量超過另一種。我們知道,小球可能會彼此吸引或排斥。但是,這個作用力只和距離有關嗎?如果以上屬實,兩者的關係是什麼?和重力與距離的關係相同似乎是最簡單的猜測,舉例來說,在距離增加到 3 倍時,作用力衰退到原先的九分之一。庫倫(Charles-Augustin de Coulomb,1736-1806)的實驗結果顯示,這項定律確實有效。牛頓發現重力定律的 100 年後,庫倫發現電力和距離之間也存在類似的關係。牛頓定律和庫倫定律之間主要的差異是:重力的引力始終存在,而電力只有在物體帶電的情形存在;此外,重力只有吸引作用,電力卻能吸引或排斥。

同樣的問題再次浮現,我們考慮熱的時候也遇過:電流體是不是一種無重量物質?換句話說,帶電金屬與電中性金屬的重量是相同的嗎?用秤量起來沒有差別。我們因此總

---

1 譯註:〈Who killed the Cock Robin?〉是一首英國童謠,描述尋找謀殺知更鳥(Cock Robin)的兇手的故事,這首童謠常出現在偵探小說和電影。

結，電流體也是無重量物質家族的一員。

隨著電學理論的進展，需要引入兩項新觀念。我們依舊不是想下嚴謹的定義，而是以熟悉的觀念去類比。還記得釐清熱與溫度的觀念，對理解熱現象起了根本性的作用嗎？釐清電位和電荷兩種觀念的差異也具有同等的重要性。通過下面的類比，能釐清兩種觀念的差別：

電位—溫度

電荷—熱

兩個導體，例如不同大小的兩個球體，可能帶有等量的電荷，也就是多餘的電流體。但是，兩個導體的電位卻不同，小球的電位較高，大球的電位較低。在比較小的導體上，電流體密度較高，分布更緊湊。由於排斥力隨著密度上升而增加，小球上電荷的逃離趨勢，大於大球的電荷。為了把電荷和電位的差異分辨得更清楚，我們將用幾個句子描述加熱中的物體，分別對應到描述導體的句子。

熱

1. 兩個初始溫度不同的物體，若接觸一段時間，將達到相同溫度。

2. 若兩物體比熱不同，等量的熱造成的溫度變化將不同。

3. 與物體接觸的溫度計，其水銀柱的長度，顯示了自身

的溫度，藉此表示物體溫度。

電

1. 兩個與周遭絕緣、電位不同的導體，若彼此接觸，將達到相同電位。
2. 若兩物體電容不同，等量的電荷造成的電位變化將不同。
3. 與導體接觸的驗電器，其金箔葉片的分離程度，顯示了自身的電位，藉此表示導體的電位。

這個類比的適用範圍是有限的。下面的例子能同時說明類比的相同與相異之處。如果將熱的物體與冷的物體接觸，熱會從較熱處流向較冷處。另一方面，假設有兩個與周遭絕緣的導體，帶有等量但電性相反的電荷，一個是正電，另一個是負電。兩者電位不同。習慣上，我們將負電荷造成的電位，視為低於正電荷造成的電位。若兩個導體互相接觸，或是以導線連接，電流體理論預測導體將不帶電荷，因此，也不存在任何電位差。我們得要想像一個電荷的「流」，在電位差被抵消的短時間內，從一個導體流到另一個導體。但是，這是怎麼發生的？是正電流體流到帶負電的物體，還是負電流體流到帶正電的物體？

單就手上的資訊，無法確定發生的是哪種情形。我們能

假設實際上是兩種可能性中的一種，或是兩個方向同時都有電荷的「流」。這只是使用習慣的問題，如何假設並不重要，因為沒有已知的方法能通過實驗解答這個問題。只能等往後的發展得出更深刻的電學理論，才能解答這個問題。這個答案以簡單的初階電流體理論表示是沒有意義的。我們此處從簡，採用的描述方式如下：電流體由電位較高的導體，流向電位較低的導體。套用到前述兩個導體的例子，電從正電流到負電。這個描述方法只是習慣考量，目前為止沒有特殊涵意。現在面臨的困難，也即代表熱與電的比喻，不管怎麼說都是不完備的。

圖 2-5

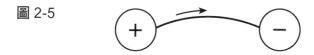

我們已經看見，用機械論的觀點描述靜電學的基本現象是可能的。從相同觀點出發，描述磁學現象也是可能的。

磁流體

　　我們將用類似電流體的方式討論磁流體，從非常單純的
現象開始，再考慮理論的解釋。

　　實驗一：有兩條棒狀的長磁鐵。一條從中央自由地懸吊，
另一條拿在手上。讓兩條磁鐵的尾端互相接近，直到發現磁
鐵間產生強烈的吸引力，如圖 2-6。一般來說，都能找到讓
磁鐵互相吸引的辦法。若靠近後沒有吸引的現象，就要把磁
鐵反過來，用另一端靠近。若兩物體都有磁化過，靠近時一

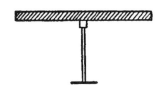

圖 2-6

定會有反應。磁鐵的尾端稱為**磁極**。繼續實驗，讓手上磁鐵的磁極，從另一條磁鐵的一端，移到另一端。我們發現吸引力變小，而且，當磁極移動到懸吊磁鐵的中央時，沒有證據顯示有任何力存在。若繼續沿同方向移動磁鐵，會發現一股排斥力，抵達懸掛磁鐵的第二個磁極時，排斥力達到最大。

　　實驗二：由實驗一，可以設計另一項實驗，如圖 2-7。每個磁鐵有兩個磁極，我們能分離出其中一個嗎？想法很簡單：把一個磁鐵折成兩等的兩半。我們知道，一條磁鐵的正中央，和另一條磁鐵的磁極之間沒有作用力。然而，實際將磁鐵對半折的結果出乎預期，且令人驚訝。若將半截磁鐵掛起來，重複實驗一的步驟，結果竟然和實驗一完全相同！先前沒有一丁點磁力的地方，現在變成強力的磁極！

　　這些現象要怎麼解釋？我們試試用電流體理論的模式建構磁理論。實驗結果顯示，類似靜電現象，磁現象同樣有吸引與排斥效應。想像兩個球狀導體帶有等量電荷，一個正電，一個負電。此處的「等量」代表電荷的絕對值相同；舉例來說，＋5 和 −5 的絕對值相同。假設兩個球體之間以絕緣體連接，例如一根玻璃棒。這個組合，可以用一根從帶負電導體指向帶正電導體的箭頭表示。我們把這個系統稱為一個**電**

圖 2-7

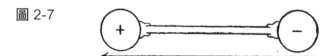

偶極。顯然地，兩個這樣的電偶極，它們的表現將與實驗一的長磁鐵完全相同。若把這個發明作為真實磁鐵的的模型，假設磁流體存在，那可以說每個磁鐵都是一個**磁偶極**，兩個磁極上，分別有兩種磁流體。這個模仿電學架構的簡單理論，足以解釋實驗一的現象。磁鐵的一端是吸引力，另一端是排斥力，在中央則是大小相等、方向相反的力達成平衡。但是，要怎麼解釋實驗二？在電偶極的例子，折斷玻璃棒，將得到兩個獨立的電極。這個結果也應該適用於磁偶極，折斷鐵棍後，會得到與實驗二不同的結果。矛盾的產生，迫使我們導入更細緻的理論。和前一個模型不同，我們現在想像磁鐵是由許多微小的、無法分離成單一磁極的**基本**磁偶極組成。整塊磁鐵存在一種秩序，讓每個基本磁偶極指向相同方向。我們馬上能理解為何分割磁鐵後，新的磁極會出現在新的末端，以及為何調整後的理論，同時能解釋實驗一與實驗二。

簡單初版理論能解釋許多現象，讓調整顯得沒有必要。我們來看一個例子：我們知道磁鐵會吸引鐵片，為什麼？一個普通鐵片中，兩種磁流體混雜在一起，沒有淨效應。把一個正磁極靠近鐵片，當作磁流體的「指揮官」，吸引鐵片的

圖 2-8

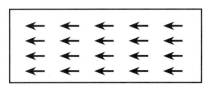

負流體，並排斥正流體。隨後，鐵片和磁鐵互相吸引。若移開磁鐵，磁流體回到與先前類似的狀態，這取決於它們在多大程度上能記得外部作用力的指揮。

關於量化的部分，不需要深入討論。把兩根非常長的長棍磁化，讓磁極互相靠近，就能研究磁極之間的吸引力（或排斥力）。長棍另一端的磁極，如果距離夠遠，產生的效應就小到可以忽略。吸引力或排斥力，與磁極間距的關係又是什麼？庫倫的實驗找到了答案。磁力與距離的關係，與牛頓定律中的重力，及庫倫定律的靜電力相同。

又一次，我們在這個理論中見到某個一般性觀點的身影：透過作用在不可改變的質點之間，只和距離有關的吸引力與排斥力來描述所有現象的意圖。

有個廣為人知的現象值得一提，我們稍後用得到：地球本身是一個巨大的磁偶極。沒有一丁點線索能找到適當的解釋。地理北極位置接近負（一）磁極，正（＋）磁極則靠近地理南極。命名為正與負，只是約定成俗的結果，用語確定後，也能應用在其他例子。轉軸上的磁針，遵從地球磁力的指揮。它的正（＋）磁極指向地理北極，也就是地球的負（一）磁極。

我們雖然可以老調重彈，繼續將機械論觀點套用到先前談過的電現象與磁現象，然而，也沒有理由為此自豪或滿足。理論的某些特性令人不太滿意，甚至失望。出於理論需要，

得發明新物質，包含兩種電流體，以及基本磁偶極。物質的
種類似乎過多了！

　　力是單純的。重力、電力以及磁力的表現形式都很類似。
然而，要想讓力保持單純，代價不小，必須引入新的無重量
物質。無重量物質相對上更像人造的觀念，也和基本物質、
質量的關係不大。

第一個難關

　　現在，我們已經準備好見證機械論哲學觀面臨的第一個重大難關。我們稍後將說明這道難關，加上另一個更嚴重的困境，以說明它們如何擊垮所有現象都能以力學解釋的信念。

　　從電流的發現開始，電學在科學與科技領域取得巨大的進展。這是科學史上根本性進展因意外誕生的少數案例。青蛙腿抽搐的故事有很多版本。不論實際情節為何，賈法尼（Luigi Galvani，1737-1798）意外的發現，使伏特（Alessandro Volta，1745-1827）得以在 18 世紀末製作出稱為**伏特電池（Volta battery）**的裝置。雖然實用性不大，在課堂與教科書中伏特電池都是展示電流來源的簡易裝置。

　　它的製作方法很簡單。拿幾個玻璃杯，每杯裝一些水，和一點點硫酸。每個杯中浸入兩個金屬片，一片銅片與一片鋅片。把杯中的銅片，與另一杯的鋅片連結，如此一來，只

有第一杯的鋅片和最後一杯的銅片沒有連接到其他金屬片。如果裝有金屬片的杯子，也就是「單元」數量夠多，就能在第一杯的銅片與最後一杯的鋅片間，用靈敏的驗電器偵測到電位差。

介紹多單元組成的電池，只是為了讓先前提過的驗電器能較容易測量到電位差。之後的討論，用一個單元的電池就足夠了。我們發現，銅的電位比鋅的電位高。此處「高」的意思，代表＋2高於—2。若將某個導體與電池空出來的銅片連接，再拿另一個導體與鋅片連結，兩個導體都會帶電，第一個帶正電流體，第二個帶負電流體。這一步為止，沒什麼特別新鮮事。現在，試著套用電位差的觀念。我們知道，以導線連接兩個導體能消滅導體間的電位差，也因此，有一個電流從一個導體流到另一個。這個過程，類似熱的流動使溫度平衡。在伏特電池的例子，這件事情還會發生嗎？伏特的實驗紀錄，認為金屬片的行為與導體類似：

……帶有微小的電荷，有某種持續性的作用，在每次放電後，重新建立帶電的狀態。換句話說，這種作用提供了無限的電荷，或者說永久性地作用在，或是排斥著電流體。

伏特實驗結果的驚人之處是銅與鋅之間的電位差沒有消失，與其他以導線連接的帶電導體不同。電位差持續存在，

根據電流體理論，這會造成電流體持續從高電位（銅片）流動到低電位（鋅片）。為了保住電流體理論，我們也許能假設是某種固定的力在作用，使電位差重新產生，造成電流體的流動。然而，以能量的角度來看，這個現象非常驚人。載有電流的導線會產生為數可觀的熱，若導線較細，甚至會熔斷導線。由此可知，導線會產生熱能。但是，因為沒有外來能量源，伏特電池構成一個獨立系統。要拯救能量守恆定律，就得找到熱轉換發生的地方，以及產熱所付出的代價。不難理解，電池中正在經歷複雜的化學過程，涉及浸在液體中的銅、鋅，以及液體本身。從能量的觀點來看，發生的是一系列的轉換：化學能→流動電流體，也就是電流的能量→熱。伏特電池壽命有限，與電流有關的化學變化將使電池在一段時間後失去效用。

關於實際上揭露機械論所遭遇的重大困難的實驗，若是第一次聽說，可能會覺得奇怪。厄斯特（Hans Christian Oersted，1777-1851）在 120 年前完成這項實驗，他寫道：

一系列實驗結果顯示，磁針會因為賈法尼的實驗裝置而移動，而且，移動是賈法尼電路[2]連通後才發生，電路斷開時反而不動。幾年前，許多著名物理學家想讓磁針在電路斷開

2　譯註：賈法尼電路，就是伏特電池的電路，也有人將伏特電池稱為賈法尼電池，以紀念發現電流的義大利醫師、物理學家與哲學家賈法尼。

時移動，最後都以失敗收場。

　　設想有一個伏特電池和一條導線。若只將導線接到銅片，沒有接到鋅片，導線上就只有電位差而沒有電流。假設把導線彎成圓形，在圓心放一根磁針，讓磁針和導線位在同一平面上，如圖 2-9。只要導線不去碰觸鋅片，就不會發生變化。既沒有任何作用中的力，電位差對磁針的位置也沒有任何影響。很難理解為何厄斯特口中「許多著名物理學家」，會期待斷開的電路會對磁針造成影響。

圖 2-9

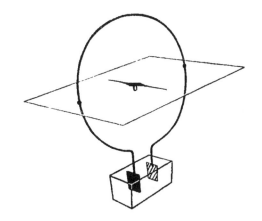

　　現在，把導線接到鋅片上。奇怪的事情發生了，磁針竟然從原先的位置偏轉開來。如果書本頁面代表導線圈的平面，那磁針的其中一個磁極，現在正指向讀者。接通電路的效果是，有一個**垂直**於導線平面的力，作用在磁極上。實驗

結果擺在眼前，關於作用力的方向，我們很難不做這個結論。

　　這個實驗相當有趣，首先，它展現出磁和電流，這兩個差異不小的現象，其實有某種關連。這還不是最重要的。磁極與電流流經的部分導線之間的作用力，或者說，流動電流體的粒子與基本電偶極的粒子間的作用力，並非作用在導線於磁針的連線方向，而是在兩者連線的垂直方向上！看起來，這是第一次發現某種性質迥異的力，與我們期待能適用於物質世界所有作用的機械論觀點不同。還記得，重力、靜電力和磁力，遵守牛頓定律和庫倫定律，都作用在兩個互相吸引或排斥的物體之間的連線。

　　大約 60 年後，因為羅蘭（Henry Augustus Rowland，1848-1901）以巧妙的手法進行的實驗，機械論面臨更大的難關。暫且不論技術細節，羅蘭的實驗如圖 2-10：想像一個小球，帶有微弱的電荷。再想像這個小球，以非常快的速度畫圓，圓心處有一個磁針。原則上，這個實驗和厄斯特的實驗是一樣的，唯一的差別是，我們現在有一顆因為力學因素移動的電荷，而非普通的電流。羅蘭發現，結果確實類似於載有電流的圓形導線。磁針因為垂直方向的力而偏轉。

　　現在，進一步加速電荷。結果是，作用在磁極的力變大，磁針偏離初始位置的狀況更加明顯。這項觀察結果是一個警訊，使狀況更加複雜。作用力不僅沒有位在電荷與磁針的連線上，它的大小甚至和電荷的速度有關。機械論，建立在所

圖 2-10

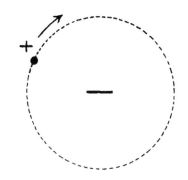

有現象都能以只和距離有關的作用力解釋的基礎上。羅蘭的實驗結果，確實動搖了機械論的信念。不過我們可以先採取保守的態度，在舊觀念的框架下，先找找可能的解套方案。

有一類困難，專門在理論不斷取得勝利的進展時出乎意料地浮現，它們在科學史上並不少見。有時，推廣舊觀念是條不錯的解套途徑，最少也是種應變方案。例如，對於現在的狀況，擴展舊有觀念並導入一種基本粒子間更高層次的力，似乎足以解決問題。然而更常見的是，沒有方法能幫舊理論止血，理論被困難擊垮，新理論因而興起。擊垮看似無懈可擊又非常成功的機械論的，並不只有一小根神奇磁針的行為。下一波攻勢，從完全不同的方向襲來，而且更加猛烈。不過，這又是另一個故事，我們等會再談。

光的速度

伽利略的《**兩種新科學**》，提到一位師父和徒弟們[3]討論光的速度：

沙格雷多：但是，我們要怎麼看待光的速度的性質與大小？它是瞬時性的嗎？又或者，它像其他運動，需要一段時間？我們能用實驗找出答案嗎？

辛普力希歐：從生活經驗來看，光的傳播是瞬時性的；因為，當我們從遠距離觀察火炮發射，不花任何時間，閃光就抵達我們的眼睛；相對的，聲音卻是一段時間後才抵達我們的耳朵。

沙格雷多：辛匹力希歐，是這樣的。從這段經驗，我只

能得知傳到耳朵的聲音，和光比起來，速度慢上很多。這段
經驗沒有告訴我，光，它能不花任何時間就抵達眼睛；或是
雖然它非常快，還是需要時間傳播。

　　薩維亞提：從這個結果與其他觀察獲得的小結，一度讓
我設計出一種方法，也許能準確地判斷發光，也就是光的傳
播，是不是瞬時性的……

　　薩維亞提接著解釋他的實驗方法。為了了解他的想法，
我們先想像光的速度不僅是有限的，甚至非常慢，讓光的運
動以低速進行，就像慢動作影片。現在，有甲和乙兩個人，
距離 1 英里，各拿著一個用布蓋住的燈籠。甲先把燈籠布掀
開。兩人同意，看見甲的光的瞬間，乙會把燈籠掀開。假設
光以每秒 1 英里的「慢動作」移動。甲掀開燈籠布，送出訊
號。1 秒後，乙看見訊號，送出回應。甲在自己送出訊號的
2 秒後，收到乙的訊號。也就是說，如果光以每秒 1 英里的
速度移動，而乙的位置在 1 英里外，那麼，甲在送出訊號和
收到回應之間，會間隔 2 秒。反過來說，如果甲不知道光的
速度，但假設夥伴會遵守約定，而且，甲掀開燈籠布的 2 秒
後，他注意到對方也把燈籠布掀開了。如此一來，甲就能總
結，光的速度是每秒 1 英里。

　　以當時的實驗技術，伽利略用這個方法量到光速的機會
渺茫。如果距離是 1 英里，他必須能偵測到十萬分之一秒的

時間差！

伽利略描述了光速的測量問題，卻沒能解決。通常，問題的描述比答案本身更重要，答案可能只是數學或實驗技巧的結果。提出新問題、新的可能性，或從新的角度審視舊問題，需要創造力和想像力，也是真正的科學進展。慣性原理、能量守恆，都是從已知的實驗與現象，找出原創性的新想法。本書往後的篇幅，不僅談到新的理論，也會看到許多類似的事件都強調以新的角度，審視已知事實的重要性。

回到相對簡單的問題，光速的測量。我們也許能這樣評論：令人訝異的，伽利略沒有意識到他的實驗由一個人進行，不僅更簡單也更準確。他可以掛一面鏡子，自動反射收到的訊號，取代站在遠處的夥伴。

大約 250 年後，菲左（Armand Hippolyte Louis Fizeau，1819-1896）用相同的原理，首先在地面上測量到光速。更早之前，羅默（Ole Rømer，1644-1710）也透過天文觀測的方式測得光速，但是準確度不如菲左。

很明顯地，由於光的高速，想準確測量，只能將距離放大到地球與太陽系其他行星的尺度，或是大幅改善實驗技術。羅默使用第一個方法，菲左則是第二個。從首次測得光速開始，這個重要數字不斷被重新測量，精確度也不斷改善。在我們這個世紀，邁克生（Albert Abraham Michelson，1852-1931）為了測量光速，設計了非常精細的裝置。實驗結果可

以簡單表示為：光在**真空**中的速度，大約是每秒 186,000 英里，或每秒 300,000 公里。

光作為一種物質

　　按照慣例，我們的討論從一些實驗結果開始。剛才提到的數字是光在**真空**中的速度。不受干擾時，光以這個速率穿越空無一物的空間。如果把空玻璃容器的空氣抽光，我們可以隔著它看見東西。我們能看見行星、恆星、星雲，即使光穿越的是它們和我們的眼睛之間，空無一物的空間。我們能隔著玻璃容器看見東西，不論裡頭是否有空氣存在。這個簡單的事實，代表空氣物質是否存在，和光的傳播關係不大。因此，我們可以在普通房間進行光學實驗，效果和在真空處進行實驗是一樣的。

　　最單純的光學現象，是光的傳播是直線的。我們會用一個簡易而單純的實驗進行演示。在一個點光源前，放置一塊屏幕，屏幕上開了一個洞。點光源是非常小的光源，比方說燈籠上的一個微小透光開口。在一段距離外的牆壁，屏幕上

的洞可以視為黑暗背景上的光源。圖 2-11 示意此現象和光的直線傳播性質之間的關係。這一類的現象，即使在更複雜的情形，例如光、影，和半影都存在的狀況，都可以用在真空，或在空氣中，沿直線行進的光來解釋。

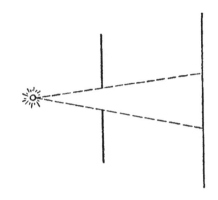

再看另一個光穿越物質的例子。若有一條在真空中傳播的光線，撞上一個玻璃平面，結果會是什麼呢？如果直線傳播定律依然有效，光的路徑可以表示為圖 2-12 中的虛線。我們觀察到的現象，稱為**折射（refraction）**。一半浸在水裡的棒子，中間看起來是折彎的，我們對這個現象並不陌生，它就是折射的傑作。

綜合以上觀察，已經足以指出機械論的簡易光學理論可能的設計方向。現在，我們要示範如何把物質、粒子和力的觀念強加到光學領域，隨即見證這個古老哲學觀點的崩解。

理論本身以最簡單、初階的方式呈現。假設所有發光物

圖 2-12

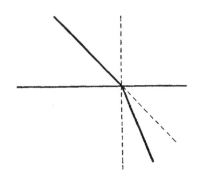

體都會放出類似**微粒（corpuscles）**的光粒子，這些粒子進入我們的眼睛，使我們感受到光。為了滿足機械論的需要而導入新的物質，對我們來說駕輕就熟，必要的話故技重施也不會有太大的顧慮。這些微粒會沿著直線，以已知的速度穿過真空，將發光體的資訊帶到眼中。所有展現直線傳播性質的現象，都能當作微粒理論的佐證，因為這種性質就是微粒帶有的特性。這個理論也能輕易解釋光遇到鏡子的反射現象，它和彈力球從牆壁反彈的力學實驗展現的反射現象是相同的，如圖 2-13 所示。

折射現象的解釋稍微困難一些。以不討論細節為前提，我們可以看到以機械論解釋折射的可能性。例如，若微粒落在玻璃表面，構成玻璃表面的粒子，有可能對微粒施加一種作用力，這種作用力比較奇怪，只在物質的周遭有效。我們已經知道，任何作用在移動移動物體上的力，都會改變物體速度。如果光微粒上的淨力是垂直於玻璃表面的吸引力，新

圖 2-13

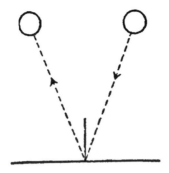

的運動方向會落在原始路徑和垂直方向之間。這個簡單的解釋，看似能確保光的微粒理論將會成功。然而，要決定這個理論的有效性及適用範圍，還得探討更複雜的新現象。

色彩之謎

第一個想出為何世界上存在豐富色彩的，又是牛頓的天才腦袋。接下來的文字，是牛頓自己針對實驗的描述：

1666 年（當時，我正在試著研磨球型鏡片之外，其他形狀光學鏡片），我給自己買了一塊三稜鏡，著手研究著名的色彩現象。為了實驗需要，我降低了實驗室的亮度，在我的百葉窗上開了一個小洞，讓進入室內的陽光便於實驗。我把三稜鏡放在進光處，讓折射光投射到對面的牆上。最先產生的分散效果令人非常愉悅，可以看到鮮豔生動的色彩由此產生。

從太陽來的光是「白色」的。光線通過稜鏡後，顯現出肉眼可見的世界裡所有可能的顏色。在彩虹美麗的色彩變化

裡，大自然也能做到一樣的結果。解釋這個現象的努力可說歷史悠久。聖經故事認為，彩虹是上帝在祂與人類的盟約之上的簽署。某種程度上，這也算一種「理論」。但是，這個理論無法令人滿意地解釋為何彩虹會時不時會出現，而且總是在下雨之後。科學對色彩之謎發起的首次攻擊，以及首個解答，正是牛頓的偉大工作。

彩虹永遠有一邊是紅色，一邊是紫色。所有其他顏色的位置都在紅與紫之間。牛頓對這個現象的解釋是：所有顏色，其實都包含在白色裡面。它們一同穿越了外太空和太氣層，造成白色的效果。可以這麼說，白色其實是很多種光微粒的混合體，這些光微粒分別代表不同的顏色。在牛頓的實驗中，是稜鏡使它們在空間中分離開來。機械論認為，折射的原因是有力作用在光粒子上，力則是源自玻璃粒子。分屬不同顏色的光微粒，受到的作用力不同，紫色受力最大，紅色最小。因此，光離開稜鏡時，不同顏色會彼此分離，沿不同路徑折射。在彩虹的例子，水滴扮演了稜鏡的角色。

現在，光的物質理論變得更複雜了。光的物質現在不只一種，不同光物質分屬不同顏色。如果這個理論有反映某些事實，它就得符合觀測結果。

存在太陽白光中的不同色光，在牛頓實驗中展現出的排列，稱為太陽**光譜**（spectrum），更精確的說，是太陽的**可見光譜**（visible spectrum）。白光分解出成分的現象，稱

為光的**色散**（dispersion）。除非現在的解釋出錯，否則光譜上分離的色光可以經由調整過的稜鏡再次混合。這個過程理論上會是分離過程的逆過程。混合分離的色光，將會再次得到白光。經由實驗，牛頓證實可以由白光光譜獲得白光，反之，也能再從這道白光分離出光譜，只要他想，這個過程可以一直重複下去。這些實驗形成強力的證據，支持不同顏色的光微粒，行為類似不可變動的物質的理論。牛頓寫道：

> ……這些色光不是新的產物，它們是在分離後變得可見；因為，如果再次混合這些色光，它們會再次形成分離前的顏色。出於相同原因，用混合不同色光的方式進行的轉化並非真的轉化，因為，當不同的色光再次分開時，它們的顏色和混合之前是相同的。這就像當你均勻地混合藍色與黃色的粉末，在肉眼看來，混合物是綠色的，但是，作為原料的顆粒沒有真的轉化成綠色，而是混合在一起。如果用好的顯微鏡觀察，看起來是交錯分布的藍色與黃色顆粒。

假設我們從光譜上分離出一段非常窄的範圍。代表在許多顏色裡，我們只允許一種顏色通過狹縫，其他顏色會被屏幕擋下來。穿過狹縫的光束將由單色光組成，也就是說，無法再分離出其他成分光。這是理論的必然結果，可以經由實驗簡單地確認。單色光的光束不可能再分離。取得單色光源

的方式有很多種。例如，鈉元素發光時，會釋放黃色的單色光。以單色光進行特定光學實驗，通常是方便的選擇。原因不難理解，這樣一來，實驗結果會比較單純。

讓我們想像，突然間，有件奇怪的事情發生了：我們的太陽開始只發出特定的單色光，像是黃色。地球上的各種顏色會立刻消失，所有東西只會是黃色或黑色！這項預測是光的物質理論的必然結果，因為新的顏色是無法被創造的。預測的有效性可以用實驗確認：在一間只有發光鈉作為唯一光源的房間，所有東西不是黃色，就是黑色。世界上多元的色彩，反映出白色光多元的色彩組成。

看起來，光的物質理論在不同的狀況下都有不錯的效果，雖然引入和光的種類一樣多的新物質，讓我們多少感到美中不足。所有光微粒在真空中速度完全相同的假設，看起來也有斧鑿的痕跡。

不同的假設，會產生特性完全不同的理論。可以想像，這些理論也能運作良好，給出所有需要的解釋。確實，我們很快會見證另一個理論的興起，它的基礎是全然不同的觀念，解釋的卻是相同領域的光學現象。然而，組織新理論的基本觀念前，我們得先回答一些和光學領域八竿子打不著的問題。我們得先回到力學領域，然後思考：波是什麼？

波是什麼？

　　雖然沒有任何實際參與流言散布的人真的在兩個城市間旅行，來自倫敦的小道消息，很快地傳到了愛丁堡。這個過程，涉及兩種截然不同的動作，一種和流言本身有關，從倫敦到愛丁堡；另一種，則要歸咎散播流言的人。一陣風吹過麥田，帶起一道穿過整片田地的麥浪。這一次，我們還是要分清楚波的運動，以及個別植物的運動之間的差異。植物只是稍稍晃動而已。我們曾經看過，把石頭丟進池塘中，水波的圓越來越大，藉此傳播出去。波的運動方式，和水粒子的運動方式相當不同。水粒子只是上下運動。我們觀察到波的運動，是物質的狀態變化，物質本身並不是波。從水面上的一顆軟木塞就能清楚地見到這個現象。軟木塞上上下下的動作，和水實際上的運動類似，它的運動不是波造成的。

　　為了深入了解波的機制，我們再來考慮一項思想實驗。

假設在一個足夠大的空間裡，均勻地被水、空氣，或其他種「介質」填滿。空間的中央處有一個球體。實驗開始時，沒有任何運動。突然，球體開始規律地「呼吸」，體積擴張，然後縮小，在此同時維持球狀的外表。介質會發生什麼變化？我們從球體開始擴張的瞬間開始分析。緊鄰球體的粒子被推開，導致周邊一層球殼狀的水，或是空氣的密度上升，高於正常值。經由類似的過程，球體縮小時，緊鄰球體介質的密度下降了（下頁圖 2-14）。組成介質的粒子只是微幅振動，但是，整體的運動卻是一個行進的波。基本上，我們現在正踏入全新的領域，第一次考慮物質以外的運動，也就是經由物質傳遞的能量產生的運動。

以脈衝球體為例，我們可以導入定義波的性質時相當重要的兩項普通物理觀念。首先是速度，描述波的傳遞。它和介質有關，例如，波在水和空氣的傳播速度不同。其次是**波長（Wave Length）**。在海上或河流傳遞的波，它的波長是從一個波到另一個波距離，或是一個波峰到另一個波峰的距離。因此，海上的波相較於河裡的波具有較大的波長。至於脈衝球體產生的波，波長是在某個固定時間點，兩個密度最大或最小的相鄰球殼之間的距離。很明顯，這個距離不會只和介質有關，脈衝球體縮放的速度顯然對波長有不小的影響。縮放的速度越快，波長越小；縮放速度越快，波長越大。

波的觀念在物理學取得巨大的成功。波是力學的觀念，

這點無庸置疑。波的現象被簡化為粒子的運動，而且根據動力學理論，物質由粒子組成。因此，所有用到波的觀念的理論，一般來說都能視為力學理論。比方說，聲學現象的解釋，基本上建立在波的觀念。物體的振動，像是聲帶和琴弦，是聲波的來源。聲波在空氣中的傳遞模式，和脈衝球體波相同。如此一來，將所有聲學現象透過波的觀念簡化為力學是可能的。

　　前面已經強調過，我們得清楚地分辨粒子的運動和波的運動，後者是介質的一種狀態。兩種運動差異不小，但是，在脈衝球體的例子，兩種運動顯然發生在同一條直線上。介質粒子在一條短線段上振盪，隨著振盪運動，介質密度週期性地增加和減少。波傳遞的方向，與振盪發生的直線的方向，兩者相同。這種類型的波，稱為**縱波**（Longitudinal wave）。但是，波只有這一種形態嗎？為了接下來的討論，

圖 2-14

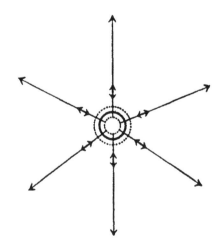

我們必須認知到另一種類型的波存在的可能性，稱為**橫波**
(Transverse wave)。

圖 2-15

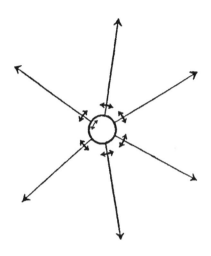

　　我們調整一下先前的例子。現在依然有一個球體，但是
它浸在一種膠狀介質裡，不是空氣，也不是水。此外，球體
不再是縮放，而是朝一個方向旋轉一個小角度，再轉回來。
旋轉的節奏是固定的，轉軸也不變。膠狀介質附著在球體周
遭，被迫以相同的方式運動（圖 2-15）。一部分的力作用在
稍微遠一點的地方，造成該處產生相同的運動，如此一來，
介質中就產生一個波。如果我們留意到介質的運動與波的運
動之間的差異，會發現它們並不是發生在同一條直線上。波
沿著球體的直徑方向傳播，而介質的運動則和這個方向垂
直。以此方式，我們造出一個橫波。

圖 2-16

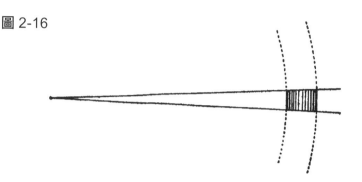

在水的表面傳遞的波是橫波。漂浮的軟木塞上下浮動，水波則沿著水平面傳遞。另一方面，聲波則是我們最熟悉的橫波範例。

還有一點：脈衝的球體和震動的球體，在同質的均勻介質中製造的是**球形**波。這是因為在任意時間點，任何圍繞著球體的球殼上的任何一點，行為都是相同的。讓我們考慮位在波源遠處，以波源為球心的球殼上的一個小塊。我們考慮的小塊越小，距離波源越遠，它就越接近一個平面。若不做太嚴謹的考慮，可以說半徑夠大的球殼上的一小部分，和平面其實沒有什麼差距。我們常常把遠離波源的球形波上的一小部分，稱為**平面波**。如果把圖 2-16 著色的區域再向遠離球心的方向移動，兩條半徑中間的夾角就會越來越小，更接近平面波。平面波的觀念和某些物理觀念很類似，它們是虛構的，無法以完美的精確度製造出來。然而，平面波依然是相當有用的物理觀念，不一會就能派上用場。

光的波動說

　　讓我們回顧剛才從光學現象的討論抽離出來的原因。剛才的目的是導入另一個光的理論，和微粒說不同，但解釋的是相同領域的現象。因此，我們才從故事中暫時抽身，先介紹波的觀念。現在，讓我們回到主題。

　　提出新理論的人，是與牛頓同一個年代的惠更斯（Christiaan Huygens，1629-1695）。他在討論光的論文中寫道：

　　此外，如果光的傳遞需要時間——我們馬上會檢視這個想法——其結果是，光施加在中介物質上的運動會是連續的，這使得光在球殼狀的面上，開始以波的形式傳遞，就像聲波那樣。我把它稱為波，因為它和我們在水中投入石頭時觀察到的波很類似——以連續的圓形傳遞。雖然水波的起因不同，而且只發生在平面上。

惠更斯認為光是一種波動，它傳遞的是能量，而非物質。我們知道，光的微粒說能解釋許多已知的現象。那麼，波動說能做到這一點嗎？我們得再次回顧先前微粒理論已經解答的問題，檢驗波動說能否同樣能夠回答這些問題。我們用 N 和 H 之間的對話，檢視剛才的提問。N 是牛頓微粒說的信徒，H 則是惠更斯的支持者。兩方都不能使用在兩位大師之後才發展出來的推論。

N：微粒說認為，光速的意義相當明確。光速，就是光的微粒穿越真空的速度。在波動說中，光速的意義是什麼？

H：無庸置疑，光速就是光波的速度。所有人都知道，波以固定的速度傳遞，光波自然不例外。

N：這件事沒有看起來那麼單純。聲波在空氣中傳遞，海浪則在水中。所有的波都在介質中傳遞。但是，光能穿越真空，聲波則不行。假設存在一個在真空中傳遞的波，和假設一個不存在的波根本沒什麼兩樣。

H：沒錯，這是一個困難，但是，對我來說這不是新的困難。我的老師仔細想過這個問題，他決定，唯一的解決辦法，就是假設存在一種稱為**以太**的假想物質，它是透明的，存在於整個宇宙。整個宇宙就像沉浸在以太的海洋裡。只要我們勇敢地導入這個觀念，剩下的問題都能得到有說服力的答案。

N：但是我不同意這個說法！它開頭就導入一種假想的物質，在物理學裡，我們已經有太多種物質了！我還有一個反對的原因。毫無疑問地，你相信力學語言可以解釋萬事萬物。那以太呢？基本粒子如何構成以太，如何在現象中找到證據，你能回答這個簡單的問題嗎？

H：你的第一個反對論點是合理的。但是，只要導入稍嫌斧鑿的無重量以太，我們可以從此擺脫斧鑿痕跡更明顯的光微粒。我們只用到一種「謎樣」的物質，而不是無限多種對應到光譜上每一種顏色的不明微粒。你不覺得這是紮實的進步嗎？退一步來說，現在的困難已經集中到一處。我們不用再人為地假設存在許多微粒，分屬不同顏色，而且都以相同的速度穿越真空。第二個反對論點同樣合理。我們無法提出以太的力學解釋。但是，我們確信將來的光學，或其他現象的研究，能夠揭露以太的結構。現在，我們要等待新的實驗和結果。最後，我希望我們能解答以太的力學結構問題。

N：既然現階段找不到答案，我們先擱置這個問題。暫且忽略前述困難的前提，我想知道你的理論如何解釋光學現象——用微粒理論的邏輯，它們都能得到清楚的解釋。舉例來說，光在真空或空氣中，沿直線傳遞的現象。把一張紙放在蠟燭前，會產生一個輪廓明顯且清晰的影子。如果波動說是正確的，就不可能產生清晰的輪廓，因為波會繞過紙張邊緣，使影子的輪廓變得模糊。對海上的波來說，一艘小船算

不上障礙物，波會直接繞過它，不會產生影子。

　　H：這個論述說服力不夠。用河裡的短波為例，當它撞上一艘大船的某一側，你不會在船的另一側看到來自這一側的波。如果波長夠小，船也夠大，清晰的影子就會出現。光看起來以直線前進，很有可能因為相對於一般物體和實驗器具，光的波長非常小。如果有一個夠小的障礙物，光可能就不會產生影子。想做出這樣的實驗器材，檢驗光是否能繞過物體，要克服不小的困難。儘管如此，若能順利把實驗設計出來，它會是決定光的波動說和微粒說孰是孰非的關鍵實驗。

　　N：往後，波動說也許有機會揭露新的事實。但是，我還沒看到任何讓人信服的實驗數據能夠支持波動說。在確切以實驗證明光能繞過障礙物前，我找不到不相信微粒說的理由。對我來說，它比波動說更簡潔，是更傑出的理論。

　　雖然還有很多可以討論的地方，我們先打斷兩人的對話。

　　目前為止，我們還沒說明波動說如何解釋光的折射現象，以及顏色的存在。微粒說能做到上面兩點。讓我們從折射開始，不過，先考慮和光學現象完全無關的例子，對接下來的討論會有幫助。

　　在一個大的開放空間裡，有兩個男人正在走路，兩人手上，握著同一根剛性的棍子。剛開始，兩人以相同的速度直線前進。不管速度快慢，只要兩人速度維持相同，棍子會產

生平行的位移，也就是說，棍子不會旋轉或改變方向。棍子所有連續的位置是互相平行的。現在，想像在一小段時間間隔裡，比如在 1 秒之內，兩人的速度突然不一致。那麼，會發生什麼事？明顯地，在這個瞬間，棍子會轉彎，它的位移不再平行於初始位置。當兩人速度回到一致，速度的方向和先前不同。下圖 2-17 可以清楚地看見這個現象。方向的改變發生在兩人的行進速度不一致的時間間隔內。

圖 2-17

我們能透過這個例子了解波的折射。一個在以太中運動的平面波，撞上一面玻璃。在下頁圖 2-18 裡，我們看到波在行進時，形成一個相對寬的波前。波前是一個平面，在這個平面上，任何位置的以太，在任意時間點，彼此的行為是一致的。由於光速和它正在穿越的介質有關，它在玻璃中的速度和真空中的速度是不同的。在波前進入玻璃，那段非常短的時間裡，不同位置的波前速度是不一致的。已經進入玻璃

的部分，以玻璃中的光速前進；至於還在外面的波前，則以
以太中的光速前進。存在於波前「進入」玻璃的短暫時間的
速度差，使波本身的方向發生變化。

圖 2-18

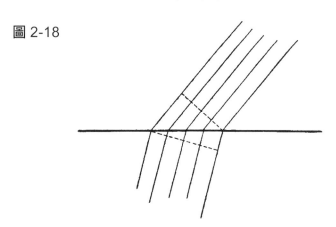

　　至此，我們看到不僅是微粒說，波動說也能找到折射的
解釋。經過一番深入探討，再加上一點數學，證明波動說的
解釋更好、更簡潔。理論的預期完美符合觀測結果。確實，
透過量化推導，只要知道光束穿越介質時的折射形態，我們
就能算出折射介質中的光速。直接測量的結果，證實了預測
的正確性。也證實了光的波動說。

　　但顏色的問題，還沒解決。

　　要記得，波可以用兩個數字描述：速度和波長。光的波
動說的基本假設，是**不同波長的波，對應到不同顏色**。黃色
單色波的波長，不同於紅色或紫色的單色波。我們不再人為

地將微粒區分為不同顏色，而將顏色視為自然的波長差異。

牛頓的散射實驗，能用兩種語言描述。一種是微粒的語言，一種是波動的語言。舉例來說：

微粒的語言 ——

・分屬不同顏色的微粒，在真空中速度相同。但是，它們在玻璃中的速度不同。

・白光由分屬不同顏色的微粒組成。不過在光譜上，它們是分開的。

波動的語言 ——

・不同波長的光波，顏色不同。它們在以太中速度相同，在玻璃中速度不同。

・白光由所有波長的波所組成，在光譜上，它們是分開的。

能解釋相同的現象的兩種理論，明智的做法是在小心考慮和兩者的優缺點後擇一，避開這個狀況產生的模糊地帶。從 N 和 H 之間的對話，可以知道這件事絕不簡單。這個時間點的決定，比較和個人信念有關，而不是出於科學判斷。在牛頓的時代，以及往後的百餘年間，多數物理學家支持微粒說。

許久之後，歷史帶來它的裁定。19 世紀中，光的波動說

勝過了微粒說。H 和 N 的對話有提到，原則上，兩個理論的抉擇，存在以實驗決定的可能。微粒說不允許光的繞行，要求存在輪廓清晰的影子。另一方面，波動說認為足夠小的障礙物，不會產生影子。楊格（Thomas Young，1773-1829）和菲涅耳（Augustin Jean Fresnel，1788-1827）的實驗實現了這個現象，也導出理論的結論。

我們討論過一個非常簡單的實驗，在屏幕上開一個小洞，放在點光源前，在牆上產生一道影子。我們簡化這個實驗，假設光源發射的是單色光。為了最佳結果，要用到較強的光源。想像屏幕上的洞越來越小，如果我們用的光源夠強，洞也夠小，將會產生令人訝異的新現象，且很難以微粒說的觀點理解。亮部和暗部的界線不再明確。亮部逐漸變暗，直到消失在黑暗的背景中，形成一系列的亮環與暗環。這些環的產生，正是波動說的註冊商標。至於為何出現交替出現的亮環和暗環，要用另一個不太一樣的實驗當作例子，會比較清楚。假設我們有一張黑色的紙，紙上有兩個光可以通過的針孔。如果兩個孔距離夠近，孔本身夠小，而且，如果單色光的光源夠強，牆上會出現許多亮與暗的條紋，亮度向兩邊逐漸減弱，直到消失在黑色背景中。它的解釋很簡單。當通過其中一個孔的光波的波谷，遇到來自另一個孔的光波的波峰，該處就產生暗紋。來自不同孔洞的兩道光，當它們的兩個波谷或波峰重疊，彼此增強，該處就產生亮紋。前一個例

子，我們用單孔洞的屏幕產生亮環與暗環，雖然解釋起來比較複雜，原理卻是相同的。雙孔洞的例子產生亮紋與暗紋，單孔洞的例子產生亮環與暗環，我們先記住這件事，等會再回來討論這兩種不同的圖像。此處描述的實驗，展示了光的**繞射**現象，當小洞或小型障礙物出現在光波的路徑上，光的直線現象傳遞出現了偏差。

用上一點數學，還有不少能討論的地方。我們可以計算出要產生剛才的圖案，需要多大，或者多小的波長。如此一來，剛剛提到的實驗，就能幫我們測量作為光源的單色光的波長。我們提出兩個波長，紅光和紫光，分別代表太陽光譜的兩個極端，並說明這個數字到底有多小：

紅光的波長是 0.00008 公分

紫光的波長是 0.00004 公分

數字非常小，但是我們不應該感到意外。自然界中，清晰的影子，也就是直線傳遞的光產生的現象，它之所以常見，只因為比起光的波長，普通的孔洞和障礙物都大得太超過了。只有非常小的孔洞和障礙物，才能揭露光的波動本質。

但是，尋找光的理論的故事，離結局還很遠。19 世紀的答案既不是最終版本，也不是決定性的。在現代物理學家之間，微粒說與與波動說的爭論再次燃起，這次的爭論更有趣也更加深刻。在我們留意到波動說的勝利中隱含的問題前，就先接受微粒說的敗退吧。

本章附圖

（V.Arkadiev 攝）

上圖，我們看到兩道光束先後穿過兩個針孔後，產生的光點
（先打開其中一個孔，關上，再打開另一個孔）。下圖，我
們看到使光線同時通過兩個針孔時，產生的條紋：

（V.Arkadiev 攝）

彎曲的光在小型障礙物周
圍的繞射

光穿越小洞的繞射

光波是橫波還是縱波？

目前為止，所有我們考慮過的光學現象都支持波動說。其中，光在小型障礙物周圍的轉折，以及折射現象的解釋，是最強力的證據。機械論的觀點使我們意識到，還有個尚未解答的問題：以太的力學性質。要回答這個問題，基本上需要先知道以太中的光波是縱波，還是橫波。是因為介質密度的改變而產生波，如此一來介質粒子的振動方向會與波的傳遞方向平行；還是以太就像某種有彈性的果凍，這種介質只會產生橫波，使粒子的運動方向垂直於波本身的傳遞方向？

回答問題前，我們先想想哪個選項比較有利。很明顯，如果光波是縱波，我們的運氣不錯，如此一來，設計符合機械觀的以太會簡單得多。以太的圖像，很可能就像解釋聲波傳遞時用到氣體的力學圖像。組織一種圖像，使以太能乘載橫波，難度高了不少。想像一種由粒子組成的果凍作為介質，

它們特殊的組合使橫波能夠傳遞於其中——這是一項困難的工作。惠更斯相信，「類空氣」的以太，比起「類果凍」的以太，更有可能是正確答案。然而，對於人類的極限，自然從來不屑一顧。在這個問題上，對於希望用機械論觀點，理解所有現象的物理學家來說，自然會是仁慈的嗎？要解答這個問題，我們得先討論幾個新實驗。

很多實驗都能提供答案，我們只會深入探討其中一個。假設我們有一塊非常薄的電氣石（Toumaline）[4] 結晶，切割成某種特殊的形狀，我們不用詳細描述。結晶片必須夠薄，使我們能透過它看見光源。把兩塊電氣石薄片放在我們的眼睛和光源之間。想想看，我們會看見什麼？如果薄片夠薄，我們看見的還是點光源。實驗結果符合預期的機會相當高。我們先不玩文字遊戲（是有可能結果不符合預期），假設我們確實通過兩片晶體看見點光源，如圖 2-19。現在，我們慢慢旋轉其中一張薄片。剛才的描述只有在旋轉軸線固定的情形下才是合理的，我們把由入射光定義的直線當成轉軸。這代表我們移動了其中一個薄片上所有的點，轉軸上的點除外。

奇怪的事情發生了！光越來越弱，最後完全消失。繼續

4　譯注：電氣石（tourmaline），工藝品名稱為碧璽，為含硼的環狀硼矽酸鹽礦物，並含有鋁、鐵、鎂、鈉、鋰或鉀元素。在寶石的分類中，電氣石屬於半寶石，並有多種顏色。由於電氣石能產生壓電效應，因此在 19 世紀就成為偏振光實驗的材料。

圖 2-19

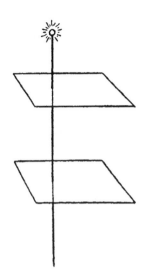

轉動薄片，光線再次出現，當薄片轉回初始位置，我們看到
的景象也和剛開始時相同。我們先不深究這項實驗和類似實
驗的細節，轉而思考下面的問題：如果光波是縱波，這些現
象能得到解釋嗎？光若是橫波，以太的粒子的運動方向與光
束相同，位於轉軸方向。如果轉動晶體，不會改變轉軸沿線
的狀態。對橫波來說，新影像的出現與消失，這麼明顯的變
化是不會發生的。光波必須是橫波，不是縱波，才有辦法解
釋這個現象和其他類似的現象。換句話說，「類果凍」以太
的假設是必要的。

　　這是讓人失望的結果！代表用機械觀描述以太將是艱困
的難題，我們得做好準備。

以太和機械觀

　　光傳遞的介質，以太，有很多人用不同方式試著找出它的力學性質，討論這些嘗試會是一個很長的故事。我們知道，機械論的描述包含物質由粒子組成，粒子之間存在作用在粒子之間的連線上的作用力，而且力的大小只和距離有關。為了把以太建構成類果凍的力學物質，物理學家必須做出某些非常人為，而且不自然的假設。我們就不引述這些假設，它們屬於幾乎被遺忘的過去。然而，它們帶來相當有意義而且重要的結果。假設的人為性質，加上不得不引入許多獨立的假設，這兩個因素，足以粉碎人們對機械觀的信仰。

　　不只是建構以太的困難，其實有更簡單的因素，能反對以太的存在。若想用機械論解釋光學現象，我們必須假設以太無所不在。如果光只在介質中傳遞，就不容許真空的存在。然而，力學計算使我們了解，星際空間並不會阻礙物體的運

動。例如，行星穿越類果凍的以太時，沒有受到任何物質構成的介質可能帶來的阻力。如果以太不會干擾行星的運動，以太的組成粒子和行星的組成粒子之間，必須不存在交互作用。光線能穿越以太，也能穿越玻璃和水。但是，穿越後者時，光速會發生變化。這個現象如何以機械觀解釋？顯然，只能假設以太粒子和物質粒子存在某種交互作用。但是，我們才討論到在自由移動的物體的狀況，必須假設以太粒子和物質粒子不存在交互作用。換句話說，以太和物質在光學現象存在交互作用，但力學現象卻沒有！這是明顯矛盾的結論！

看來，只有一條路能逃離這些難題。一直到 20 世紀為止，所有科學進展在透過機械觀認識自然現象的種種嘗試中，都必須導入諸如電流體、磁流體、光微粒，和以太等人為物質。其結果只是把所有困難集中在幾項根本問題，就像以太在光學現象的困難。所有想用簡單的方式建構以太的無用嘗試，加上其他反對因素，似乎把問題的矛頭指向機械觀可能描述所有自然現象的根本假設。科學無法提供機械論方案足夠的說服力。在今日，沒有任何物理學家相信機械論還存在成功的可能性。

在我們對主要物理觀念的簡短回顧中，遇上一些未解的問題，也見證困難與挑戰，使得針對外在世界的種種現象，建構一致性的單一觀點的嘗試變得更不樂觀。像是在古典力

學被忽視的線索，重力質量與慣性質量的等價性，以及電流體和磁流體的人為性質。電流和磁針之間的交互作用，也是未解的難題。我們會記得這個作用力並非作用在導線和磁極的連線上，而且和移動電荷的速度有關。表達這個力的方向和大小的定律非常複雜。最後，還有隨著以太而來的巨大難題。

現代物理對這些問題發動進攻，也找到了答案。然而，在解題的掙扎裡，創造出更新也更深刻的問題。和 19 世紀的物理學家相比，我們的知識領域越來越廣，也更深刻。然而，我們的困惑和問題也是。

本章結語

　　從電流體的舊有理論，以及光的微粒和波動理論，我們見證了進一步套用機械觀的嘗試。然而，在電學與光學現象的領域，機械觀的應用遇到艱困的難題。

　　移動的電荷會對磁針產生作用。然而，作用力並非只和距離有關，電荷的速度會對作用力產生影響。作用力不屬於吸引或排斥，而是作用在指針與電荷連線的垂直方向上。

　　在光學，我們在光的波動說和微粒說中，選擇了波動說。波在粒子組成的介質中傳遞，粒子間存在力學作用力，它必然是機械的觀念。但是，光是透過何種介質傳遞？這種介質的力學性質是什麼？這些問題得到答案之前，把光學現象簡化為力學現象的希望渺茫。然而，解題的過程遇到的挑戰過於艱困，我們不得不放棄解題，也放棄了機械論。

第 3 章

場，相對論

場作為一種表示法

19 世紀下半葉，物理學出現了許多革命性的新觀念，它們開啟了一條道路，通往不同於機械觀的全新哲學觀點。法拉第（Michael Faraday，1791-1867）、馬克士威（James Clerk Maxwell，1831-1879）和赫茲（Heinrich Hertz，1857-1894）的研究成果，促進了現代物理的發展：創造新的觀念，形成真實世界的全新圖像。

現在，我們的任務是描述新觀念為科學帶來的突破，說明它們越發明朗，重要性日益增加的過程。重建整個過程時，我們更注重邏輯性，不會花太多心力在事件的先後順序等細節。

這些新觀念的起源，和電的現象有關。但是，首次介紹這些觀念，從力學著手會更容易。我們知道，兩個粒子會互相吸引，這個吸引力隨距離的平方減少。我們可以用新方法

圖 3-1

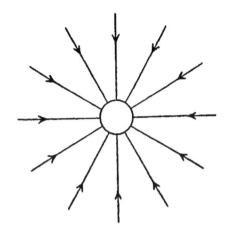

表示這個現象，雖然這個方法的好處不容易理解，我們還是
會用它。在圖 3-1 中，中央的小圈代表具吸引力的物體，像
是太陽。事實上，我們應該把上圖想像成空間中的模型，不
只是平面上的線條。如此一來，我們的小圈成為空間中的一
個球體，例如太陽。現在，有個物體來到太陽周遭，我們稱
為**測試物體**，它會受到吸引，方向是兩物體中心的連線。因
此，圖中的線條就代表太陽對不同位置的測試物體的吸引力
的方向。每條線上的箭頭，指出力的方向朝著太陽，代表吸
引力。它們是**重力場的力線（Lines of force）**。在這個階段，
這只是個名詞，沒有繼續深入探討的理由。上圖還有個代表
性的特色，我們等會再深入探討。力線的構築在空間中完成，
沒有物質存在。所有的力線，或者，簡短地把它稱為**場
（Field）**，它們在測試物體的周遭被建構。到現在為止，場

只是指出當測試物體被帶到球體周遭時，測試物體可能的表現。

在我們的空間模型中，線條永遠垂直於球體表面。所有的線條都從一個點發散出去，因此，球體附近的線條密度更高，離球體越遠，密度就越變越小。如果把球體的距離拉到 2 倍或 3 倍遠，在我們這個空間模型，線條的密度會降低 4 倍或 9 倍，雖然圖沒有把這個現象畫出來。由此可知，力線有兩種用途。一方面，它們指出物體進入球體狀的太陽周遭時，作用在物體上的力的方向。另一方面，空間中力線的密度，顯示力如何隨距離變化。場的圖象，經過正確的詮釋，能夠表示重力的方向，以及重力和距離的關係。從這張圖人們可以輕易讀出重力定律，這和閱讀定律的文字描述，或是透過精準、有效率的數學語言一樣簡單。這種**場的表示**，就讓我們這樣稱呼它，乍看之下既簡潔又有趣，但是，目前沒有任何理由相信場代表任何實質的進展。要證明場應用在重力的實用價值，會有些困難。有些人可能會想，線條也許不只是塗鴉的產物，他們想像真實的力透過這些條產生作用。這是做得到的，然而，作用從力線傳遞的速度，必須假設為無限大！根據牛頓定律，兩物體間的作用力只和距離有關，時間並不在考量的範圍。力必須瞬間從一個物體，傳遞到另一個物體！然而，對任何理性的人來說，無限的速度是無意義的，因此，要想讓我們的圖像超越模型的範疇，將是徒勞

的嘗試。

不過，我們並不想現在就討論重力問題。我們只是透過重力介紹場，簡化電學理論中類似的推論過程。

讓我們從對機械論詮釋造成重大困難的實驗開始。有一個電流流經圓形的導線電路。電路的中央，有一根磁針。電流開始流動的瞬間，一個新的力產生了，它作用在磁極上，垂直於任何連結導線和磁極的線條。如果這個力來自繞圓的電荷，那麼，如同羅蘭的實驗，它就和電荷的速度有關。這項實驗事實和先前的哲學觀點矛盾，該觀點認為，所有的力必須作用在粒子之間的連線上，而且只和距離有關。

電流作用在磁鐵上的力，它的精確表示相當複雜，和重力的描述比起來，確實如此。不過，我們可以試著用處理重力的方式，把電流的產生的作用視覺化。

我們的問題是：電流透過了哪一種力作用在周圍的磁針上？這種力不太容易透過文句表達。即便是數學方程式，也是複雜又奇怪。最好的辦法還是用平面圖像表示作用力在我們所知範圍內的形態，或是用一個空間模型，加上力線。有個困難，肇因於磁極只會和另一個磁極同時出現，並組成偶極。不過，我們可以想像一根很長的磁針，使得只有靠近電流的磁極上的作用力需要被納入考量。另一端的磁極足夠遠，讓作用於其上的力可以被忽略。為了避免混淆，我們把靠近導線的磁極視為**正極**。

由下圖 3-2，可以看出作用在正磁極上的力的特性。

首先，注意導線旁的箭頭指出電流的方向，從高電位到低電位。剩下的所有線條，都是這個電流在某個平面上的力線。如果小心地做圖，這些線條會使我們知道力向量的方向，代表電流在特定位置上對正磁極產生的作用；同時，線條也透漏力向量的長度。就我們所知，力是向量，要決定一個力，必須同時知道向量的方向與長度。我們關心的問題主要是作用在磁極上的力的指向。我們的疑問是：從這個圖像，我們如何找出空間中的任意點上，作用力的方向？

圖 3-2

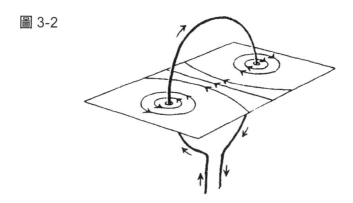

在這個模型，解讀力的方向的原則，不像先前的例子那麼直接，力線都是直線。為了讓過程更清楚，我們的下張圖（圖 3-3），只畫了一條力線。力向量位在力線的切線上，如圖所示。力向量的箭頭，與力線上的箭頭，指向相同的方向。由此可知，箭頭的方向，就是這個位置上，作用在磁極

圖 3-3

的作用力的方向。一個好的圖像，或是好的模型，也能告訴我們任意點上有關力向量長度的一些資訊。在力線密集處，也就是接近導線的位置，這個向量必須更長；而在力線較稀疏處，也就是遠離導線的位置，這個向量必須較短。

透過這個方法，力線，或者說場，使我們能夠決定在空間中任意一點上，作用在磁極上的力。這個方法暫時為我們仔細建構場的概念提供了正當性。了解場表達的訊息後，我們應該花更多心思檢視力線和電流的對應關係。力線是環繞導線的圓，位在垂直於導線平面的平面上。我們從圖像解讀出力的特性，使我們再次回到先前的結論，也就是力作用在導線和磁極連線的垂直方向上，因為圓的切線永遠和半徑垂直。關於這個作用力，我們目前的理解可以總結到場的建構中。為了用簡單的方式表示作用力，我們像三明治那樣，在電流和磁極之間夾進場的觀念。

每一個電流都和磁場有所連結，也就是說，靠近帶有電

流的導線的磁極，一定會受到一個作用力。順帶一提，這個
性質，讓我們得以製造偵測電流的靈敏儀器。一旦知道如何
從電流的場模型中解讀磁力的特性，我們就該畫出帶電導線
周圍的場，以此表示在空間中任意一點上作用的磁力。我們
的第一個例子，稱為螺旋管。事實上，它是下圖 3-4 所示的
一個導線線圈。我們的目標是，透過實驗，在可能的範圍內，
找出所有關於磁場和流經螺旋管的電流之間的連結，再把這
些知識整合到場的建構之中。圖 3-4 是我們的成果。彎曲的
力線是封閉的，圍繞著螺旋管，展現出電流的磁場的特性。

圖 3-4

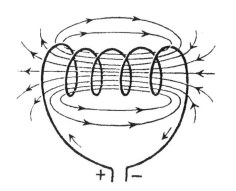

　　透過和電流同樣的方式，也能表示棒狀磁鐵的場。這個
場表示在另一張圖（圖 3-5）。力線從正磁極出發，連結到
負磁極。力向量永遠位於力線的切線方向，而且，在靠近磁
極處的長度最長，因為力線的密度在這些點上是最大的。力
向量表示一個磁鐵對正磁極造成的作用。在這個例子，場的

圖 3-5

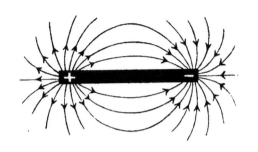

「源頭」不是電流而是磁鐵。

　　讓我們仔細比較這兩張圖。圖 3-4，我們看到通過螺旋管的電流的磁場；圖 3-5，則是棒狀磁鐵的磁場。我們先忽略螺旋管和磁鐵，並觀察兩者外部的場。我們馬上注意到，這兩個場的性質完全相同；它們的力線都從螺旋管或磁鐵的一端，連接到另一端。

　　場的表示法的第一個成果誕生了！如果不是透過我們建構的場，可能很難看出流經螺旋管的電流與棒狀磁鐵之間強烈的相似性。

　　現在，可以把場的觀念放到更嚴格的測試中。我們很快就知道，場除了作為力的一種新表示法之外，還有沒有其他的意義。我們可以這樣想：暫時，先假設經由場，可以唯一地表示任何被場的源頭決定的作用。這只是一個猜想。其中的涵義是，如果螺旋管和棒狀磁鐵產生相同的場，那麼，兩者產生的作用也必須相同。這代表兩個通電的螺旋管與兩根棒狀磁鐵的表現會是相同的，它們會彼此吸引或排斥。相吸

或相斥，取決於兩根螺旋管的相對位置，和棒狀磁鐵一模一樣。簡單來說，這個推論代表通電螺旋管產生的任何效應，與對應的棒狀磁鐵相同。因為場本身就足以解釋這些效應，而且兩個例子產生的場性質相同。實驗結果和我們的猜測完全吻合！

如果沒有場的觀念，發現這個現象會有多困難啊！作用在通電導線和磁極之間的力，它的表示法非常複雜。在兩根螺旋管的例子，我們必須找出兩個電流之間互相作用的力。但是，如果我們要做這件事，經由場的幫助，在發現螺旋管的場與棒狀磁鐵的場之間的相似性的瞬間，我們馬上能注意到這個作用的性質。

我們已經有足夠的正當性認為場的意義比我們剛開始的想法豐富得多。場的性質本身似乎在現象的描述中具有根本性的意義；場的源頭則無關。場的觀念引導出的全新實驗結果，揭示了它的重要性。

事實證明，場的觀念非常有幫助。剛開始，為了描述作用力，我們把某種東西放在源頭和磁針之間叫做場。場曾被當作電流的「中介」，電流產生的效應經由場發生作用。但是，這個中介現在也扮演翻譯的角色，將定律轉為簡單、清楚、容易理解的語言。

場的表示法取得首次成功，暗示著也許用間接的方式考慮電流、磁鐵和電荷之間的交互作用，也就是把場當成翻譯

圖 3-6

151

場作為一種表示法

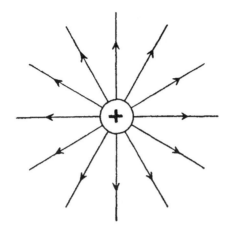

員，可能會是更方便的做法。場可以當作某種永遠和電流有關連的東西。即使不用磁極測試場是否存在，我們也知道場就在那裡。讓我們試著從這條線索繼續追蹤下去。

帶電導體的場可以用幾乎相同於重力場或電流或磁鐵的場的方式導入。又一次，只討論最簡單的例子！要幫帶正電的球體設計一個場，我們必須問，是哪一種力作用在一個帶正電的微小測試物體上，且它的位置靠近場的源頭，也就是一個帶電導體。使用帶正電而不是負電的測試物體，只是一種慣例，它指出力線上箭頭的指向（圖 3-6）。由於庫倫定律和牛頓定律的相似性，這個模型其實是重力場（圖 3-1）的類比。唯一的差異在於，兩個模型的箭頭指向相反的方向。確實，兩個正電荷相斥，兩個質量則相吸。不過，帶負電的球體產生的場，就和重力場相同，因為帶正電的微小測試電

圖 3-7

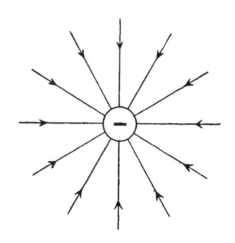

荷，會被場的源頭吸引（圖 3-7）。

如果電極和磁極都處於靜止狀態，兩者不會有交互作用，不會相吸或相斥。用場的語言表示同一個現象，我們會說：靜電場不會影響靜磁場，反之亦然。「靜」這個形容詞用在場，代表場不會隨時間變化。如果沒有外部力干擾，相鄰的磁鐵和電荷會永遠保持靜止。靜電場、靜磁場，和重力場的性質彼此不同。它們不會混合，不論其他場是否存在，它們始終保持本身的性質。

我們回到帶電球體，目前為止，它都是靜止的。假設在某個外部力的作用下，這個球體開始移動。帶電球體移動了。用場的語言重讀剛剛的句子：電荷的場隨時間改變。但是從羅蘭的實驗，我們知道帶電球體的運動和電流等價，而且每個電流都伴有一個磁場。因此，我們的論述鏈是：

$$電荷的移動 \rightarrow 電場變化$$
$$\downarrow$$
$$電流 \rightarrow 與電流連結的磁場$$

因此，我們做以下結論：**由電荷運動產生的電場變化，永遠伴隨一個磁場。**

我們的結論雖然是基於厄斯特的實驗，但是它涵蓋的範圍超越了實驗本身。它認知到隨時間變化的電場與磁場之間的關連，這是我們進一步論證的根基。

只要電荷保持靜止，就只有靜電場。但是，一旦電荷開始移動，磁場就會出現。我們可以再更進一步。如果電荷越大，或是移動更快，因電荷運動產生的磁場也會更強。這也是羅蘭的實驗結果。我們再次用場的語言詮釋：磁場改變的速度越快，伴生的磁場越強。

我們剛剛的嘗試是把熟悉的現象從舊有機械觀建構而來的流體的語言，翻譯成場的新語言。我們會見識到，新的語言有多清晰、直覺，能帶我們走得更遠。

場論的兩根支柱

「電場的變化，伴隨磁場的產生。」如果我們把「電場」和「磁場」的位置交換，剛剛的句子變成：「磁場的變化，伴隨電場的產生。」只有實驗才能確定這個敘述是否屬實。不過，這個問題是透過場的語言組織而成。

100 多年前，法拉第做了一個實驗，結果是感應電流的偉大發現。演示的過程很簡單。我們只要準備一根螺旋管，一根棒狀磁鐵，還有一個檢測電流存在的儀器，這種儀器有很多種。開始時，讓螺旋管形成一個封閉電路，再把棒狀磁鐵放在靠近螺旋管的地方，保持靜止（圖 3-8）。導線上沒有電流，因為沒有源頭產生電流。現在只有棒狀磁鐵的磁場，不隨時間改變。現在，我們很快改變磁鐵的位置，隨喜好讓它靠近或遠離螺旋管。在這個時間點，會產生一個電流，持續時間非常短，隨即消失。當磁鐵的位置改變，電流就會出

圖 3-8

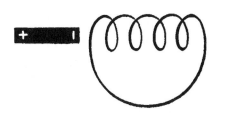

現，而且可以被足夠敏感的儀器偵測到。但是一個電流——從場論的角度看來——代表一個電場存在，迫使電流體在導線上移動。電流及電場，在磁鐵再次靜止時會消失。

　　想像一下，如果場的語言還是未知，我們必須用機械論的舊有觀念，也即定性和定量地描述這個實驗結果。那麼，我們的實驗結果顯示：因為磁極的運動，創造出一個新的力，使電流體在導線上移動。下個問題是：這個力和什麼有關？這會是很難回答的問題。我們得研究力與磁鐵速度的關係，以及力與磁鐵形狀、電路形狀的關係。不僅如此，如果用舊有語言詮釋這個實驗，我們完全沒有線索能推測，如果不是棒狀磁鐵，另一個通電的電路是否能引起感應電流。

　　如果用場的語言，事情會變得很不一樣。我們再次相信我們的原理，也就是場可以決定作用。我們見過一次，通電的螺旋管的作用與棒狀磁鐵類似。下頁圖 3-9 畫出兩根螺旋管，一根較小，並帶有電流；另一根較大，我們偵測到它帶有感應電流。就像我們之前移動棒狀磁鐵，我們可以移動小螺旋管，在大螺旋管上製造一個感應電流。不僅如此，即使

圖 3-9

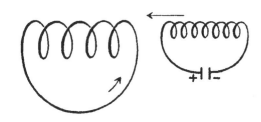

不移動小螺旋管，我們也能透過創造和消滅電流的方式，也就是接通或斷開電路，藉此創造或消滅磁場。場論預期的新現象，再次被實驗證實！

　　我們看一個更簡單的例子。有一條封閉的導線，上面沒有任何電流的源頭。導線的附近有一個磁場。這個磁場來自另一個通電的電路，或是某個棒狀磁鐵，對我們來說並不重要。我們的圖 3-10，畫有封閉電路和磁場的力線。透過場的語言，感應現象的定性與定量描述會非常簡單。如同圖中所繪，有些力線穿過了導線圍繞範圍內的平面，我們必須考慮

圖 3-10

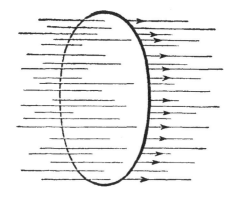

穿過該平面的力線。不論場的強度有多大，只要場沒有變化，就不會有電流。但是，只要穿越導線圍繞範圍內的平面的力線數量有所變化，環狀的導線上就開始有電流通過。電流由穿越平面的力線的數量變化所決定，不論數量變化的原因為何。力線數量的變化，是感應電流的定性與定量描述中唯一的必要觀念。「力線數量的變化」，代表力線密度的改變，我們也記得，力線密度的變化，其實就是場的強度變化。

接下來，是我們的論證鏈中必要的論點：磁場變化→感應電流→電荷移動→某個電場存在。

因此：**一個變化中的磁場，伴隨著一個電場。**

於是，我們發現兩個電場和磁場理論中最重要的兩根支柱。第一，是電場的變化和磁場的連結。這是從厄斯特針對磁針偏轉的實驗產生的結果，實驗的結論是：**一個變化中的電場，伴隨著一個磁場。**

第二根支柱連結了變化中的磁場與感應電流，是法拉第的實驗得出的結果。兩根支柱，都成為量化描述的基礎。

又一次，伴隨變化的磁場產生的電場，似乎是某種真實的東西。我們必須想像，先前電流的磁場存在於沒有測試磁極的狀況。同樣的，我們必須宣稱，在測試導線上的感應電流不存在的狀況下，電場依然存在。

事實上，我們的雙支柱架構可以簡化成只有一根支柱，也就是從厄斯特的實驗得到的結果。法拉第的實驗結果，可

以從第一根支柱,加上能量守恆定律推導出來。我們之所以使用兩根支柱的架構,只是為了清楚和有效率地表達。

應該再提一下場的描述產生的另一個結果。有一個通有電流的電路,電流來自伏特電池,舉例來說,導線和電流的來源突然被分開。現在當然就沒有電流了!但是,在為時短暫的分離之中,發生了一個有趣的過程。場論再次預期到這個過程的發生。在電流斷開前,有一個環繞導線的磁場。在電流斷開的瞬間,這個磁場也消失了。因此,有一個磁場經由斷開電流而消失。穿過導線圍繞的平面的力線數量,發生了快速的變化。但是這個快速變化,不論產生的原因為何,必須創造一個感應電流。實際上更重要的是,如果磁場的變化越大,感應電流也將隨之增強。這個結果是測試場論的另一個機會。斷開電流時,必定伴隨另一個更強、暫時產生的感應電流。實驗又一次證實了這個預測。每一個嘗試斷開電流的人,一定有注意到產生的火花。這個火花展現的是快速的磁場變化所造成的巨大電位差。

同樣的過程可以用另一個角度檢視,能量的角度。磁場消失,一個火花產生。火花代表能量,因此磁場也必須如此。為了在使用場的觀念和語言時,保持物理定律的一致性,我們必須把磁場視為能量的保存地點。只有這個辦法,我們才能在描述電與磁的現象時遵守能量守恆定律。

剛開始,場只是有用的模型,後來變得越來越真實。我

們透過場了解了舊現象，它也帶我們發現新的。更進一步，是能量和場的整合，場的觀念又一次被強調；同時，對機械觀來說，至關重要的物質的觀念之重要性，日漸下降。

場的真實

　　和場有關的定律，它們的量化、數學的描述，被整合成馬克士威方程組。從我們目前為止談過的現象，可以整理出這些方程式。不過它們的內涵遠比我們剛才談過的更加豐富。馬克示威方程組簡潔的形式，隱藏了唯有仔細探討才能發現的深層意義。

　　這些方程式的誕生，是牛頓時代以後物理史上最重要的事件。不僅因為豐富的涵義，也因為它們形成了定律的新形態。

　　馬克士威方程組的主要特徵，也出現在所有現代物理的方程式中，可以用一句話表達。馬克士威方程組是表示場的**結構（Structure）**的定律。

　　和古典力學的方程式相比，為何馬克士威方程組在形態和性質方面有所不同？這些方程式描述場的結構，又是什麼

意思？從厄斯特和法拉第的實驗結果，我們找出新形態的物理定律，對物理學的未來發展至關重要，而這又是怎麼做到的？

從厄斯特的實驗，我們看到磁場如何環繞在變化的電場周圍。從法拉第的實驗，我們也看到電場如何環繞在變化的磁場周圍。為了把馬克士威的理論的某些主要特性整理出來，我們暫時把所有注意力放在其中一個實驗，也就是法拉第的實驗。我們再次使用變化的磁場產生感應電流的圖象（圖 3-11）。我們知道，若是在導線環繞範圍的平面上，穿越平面的力線數量改變，就會產生感應電流。所以如果磁場發生變化，或是電路形狀改變、電路移動，電流就會出現：只要穿越平面的磁力線數量改變，不論改變的原因是什麼。若想計算改變的所有可能狀況，一一釐清對應的影響，結果很可能是異常複雜的理論。難道我們不能簡化問題嗎？我們

圖 3-11

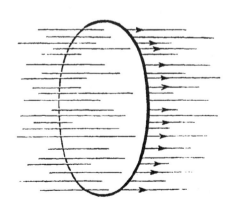

先試著排除電路形狀、電路長度，以及導線包圍平面的因素。想像圖 3-11 中的電路變得越來越小，逐漸變成一個非常小的電路，只圍住空間中的某一個點。如此一來，所有關於電路形狀和大小的討論就無關緊要了。在求極限的過程中，封閉電路縮小成一個點，大小和形狀的影響被自動排除，我們得到在空間中任意距離的任意一點上，連結電場與磁場的變化的定律。

因此，這就是推導馬克士威方程組的其中一個主要步驟。這個步驟又是一個理想實驗，進行的方式是，想像在縮減成一個點的電路上重複法拉第的實驗。

我們應該把上面的步驟稱為半步，而不是完整的一步。我們目前的注意力集中在法拉第的實驗。但是，場論的另一根支柱，以厄斯特的實驗為基礎，也必須用相同方法仔細思考。實驗中的磁力線環繞電流。把環狀的磁力線縮小成一個點，另一半的步驟就完成了。這個步驟產生了空間中任意距離的任意一點上，磁場的變化和電場之間的連結。

不過還有另一個必要步驟。在法拉第的實驗，必須有一根導線測試電場的存在；就像在厄斯特的實驗，必須有一個磁極或磁針測試磁場的存在。馬克士威理論性的新想法，卻超越了這兩個實驗現象。在馬克士威的理論，電場和磁場，或者簡稱**電磁場**（Electromagnetic field），是某種真實的存在。電場由磁場的變化產生，和有沒有導線進行測試其實

無關;磁場由電場的變化產生,不論有沒有磁極測試它的存在。

　　推導馬克士威方程組必要的兩個步驟完成了。第一步:考慮厄斯特和羅蘭的實驗時,將環繞電流的磁場的磁力線以及變化的電場,縮減成一個點;考慮法拉第的實驗時,將環繞變化的磁場的電場的電力線,縮減成一個點。第二步,則是把場視為真實的存在;電磁場在產生後是存在的,依據馬克士威定律的描述發生作用與變化。

　　馬克士威方程組描述了電磁場的結構。所有的空間都是這些定律的舞台;力學定律不同,只在物質或電荷存在的點上有作用。

　　我們還記得力學的特性。若一個粒子在某個瞬間的位置和速度已知,也知道所有的作用力,就能預期粒子未來的完整路徑。在馬克士威的理論,如果我們知道某個瞬間的場,只要這樣,就能從理論的一組方程式推導出整個場在空間與時間的變化。馬克士威的方程組使我們能夠回溯場過去的狀態,就像力學方程式能讓我們回溯物質粒子的過去。

　　但是,力學定律和馬克士威定律還有一個根本性的不同。比較牛頓的重力定律和馬克士威有關場的定律,可以凸顯出這組方程式的一些主要特徵。

　　在牛頓定律的幫助下,我們可以從地球與太陽之間的作用力推導出地球的運動。牛頓定律連結了地球的運動,與遙

遠的太陽的作用。地球和太陽雖然距離遙遠,它們都是力的戲劇之中的演員。

在馬克士威的理論中,沒有物質的演員。規範電磁場的定律,由理論的數學方程式表示。這些數學方程式和牛頓定律的不同是,沒有連結兩個距離遙遠的事件;它們沒有連結**此處**發生的事件與**彼處**的條件。**現在**,**此處**的場由**剛才緊鄰此處**的場所決定。如果我們知道現在此處發生的事件,這組方程式允許我們預測在稍晚的時間,在稍遠處的空間發生的事件。它們允許我們一小步一步地取得場的資訊。我們可以把這些步驟加總起來,從遠處發生的事件推演出我們所在位置發生的事。牛頓的理論正好相反,它只允許用一個大步驟連結遙遠的事件。厄斯特和法拉第的實驗結果,可以從馬克士威的理論重新得到,不過,只能是從馬克士威方程組規範的小步驟加總而來。

馬克士威方程組,經過幾乎完全以數學方法進行的研究揭露出一個出人意表的新結論,讓整個理論可以放到更高層次檢視。這是因為理論產生的結果是經過完整的邏輯推斷,而且具有定量的特性。

我們再次想像一個理想實驗。一個帶電的小型球體受到某個外在影響,被迫以規律的節奏快速振動,就像一個擺。以我們現在對場的變化的了解為基礎,我們應該如何用場的語言,描述此處正在發生的每一件事?

電荷的振動製造出一個變動的電場。變動的電場永遠伴隨著一個變動的磁場。如果把一條組成封閉電路的導線放在周圍，那麼，再一次，變動的磁場會伴隨一個電路中的感應電流。以上這些，都只是已知現象的重複，但馬克士威方程組針對振動電荷的問題，給出了一個深入的觀察。經過馬克士威方程組的數學推導，我們能找出振動電荷周圍的場的特性、近處和遠處的結構，以及隨時間的變化。推導得到的結果是電磁波。能量從振動的電荷向外輻射，以固定的速度穿越空間。但是，能量的轉移和狀態的運動，都是所有波動現象的特徵。

我們考慮過數種不同的波。像脈衝球體產生的縱波就是密度的變化在介質中傳遞。還有在果凍狀介質中傳遞的橫波。球體的轉動，使果凍產生形變，這個形變在介質中移動。對電磁波的例子來說，有什麼變化被傳遞出去了？正是一個電磁場的變化！一個電場的每個變化，都會產生一個磁場；這個磁場的每一次變化，都會產生一個電場；這個電場的每一次變化……以此方式不斷循環。由於場是能量的一種表現，當這些變化在空間中以固定速度傳遞，就產生了一個波。電力線和磁力線，永遠位在與傳遞方向垂直的平面上，符合理論的推導結果。因此，產生的波是個橫波。場的圖像最初的特性，是從厄斯特與法拉第的實驗組織而來。雖然這些特性被保留下來，但我們已經知道，它們有著更深層的涵義。

　　在真空中傳遞的電磁波是理論的另一項結果。如果振動的電荷突然停止運動，它的場就變成了靜電場。但是，此電荷經由振動產生的波會持續傳遞。波獨立存在，而且波在過去的變化，如同物質的物體，也可以被追溯出來。

　　在空間中以特定速度傳遞，隨時間變化，這是我們對電磁波的圖像。我們知道它之所以遵守馬克士威方程組，只因為馬克士威方程組能描述電磁場的結構，而且是在任意時間點、任意距離，在空間中的任意一點。

　　還有一個非常重要的問題：電磁波在真空中傳遞的速度是多少？透過理論，以及幾個與波實際的傳播毫無關連的實驗數據，我們得到清楚的答案：**電磁波傳遞的速度，等於光的速度。**

　　厄斯特和法拉第的實驗是建構馬克士威定律的基礎。目前，我們的成果都是利用場的語言，仔細探究這些定律而來。在理論的架構裡發現一個以光速傳遞的電磁波，是科學史上會偉大的成就之一。

　　實驗證實了理論的預測。50 年前，赫茲首次證明了電磁波的存在，經由實驗，也確認電磁波的速度和光速相等。在今天，數以百萬計的人展示電磁波可以被送出和接收。他們的裝置比赫茲使用的複雜得多，能偵測數千英里外的電磁波，而非赫茲那套有效範圍只有幾碼的裝置。

場與以太

電磁波是橫波，以光速在真空中傳遞。兩者的速度相等，暗示著光學現象和電磁現象有著緊密的關連。

當我們必須在微粒說與波動說之間抉擇，我們選擇了波動說。光的繞射是影響決定的因素之中最重要的一項。但是，我們不該假設**光波就是電磁波**，牴觸現有光學現象的解釋。相反的，還有其他可能的結論。如果光波就是電磁波，那麼一定可以從理論中推導出某種關連，連結物質的光學性質和電學性質。事實上，這一類的結論確實可以推導出來，而且經得起實驗的測試。這是支持光的電磁波理論的必要論述。

這個偉大的結果，要歸功於場論。兩門看似毫無關連的科學分支，其實都在同一個理論的架構裡。同樣是馬克士威方程組，既能描述感應電現象，也能描述光的折射。如果我們的目標是用一個理論解釋所有發生過或可能發生的事件，

那光學和電學的統一無疑是個巨大的進步。從物理學的觀點，普通的電磁波和光波之間唯一的差別在於波長：光波的波長非常小，可以被人眼偵測到；普通電磁波的波長比較大，可以被無線電接收器偵測到。

古老的機械觀試圖把自然現象簡化為物質粒子之間的作用力。第一個單純的電流體理論正是建立在這個機械觀。對19世紀初的物理學家來說，場根本不存在。在他們眼裡，只有物質與物質的變化是真實的。他們描述兩個電荷的交互作用的方法，只是套用直接歸因於兩個電荷的觀念。

剛開始，場的觀念只是在機械觀下有助於理解現象的工具。利用場的語言，新的方式是描述兩個電荷的場，而非電荷本身，這種描述方式是了解電荷作用的根本條件。越來越多人承認新觀念，最後，場的觀念的重要性超越了物質的觀念。人們了解到，物理學有重大事件發生了。新的現實被誕生了，機械論描述中不存在的新觀念誕生了。經過緩慢而且掙扎的過程，場的觀念成為物理學的主流，到現在，它依然是物理學的基本觀念之一。在現代物理學家眼中，電磁場的存在就像他們身下那張椅子一樣真實。

但是，認為新的場論使科學擺脫舊有電流體理論的錯誤，或是新理論摧毀了舊理論的成就，這是不公平的想法。新的理論同時揭露了舊理論的優點與限制，也讓我們能從更高層次出發，再次得到舊觀念。不只電流體理論和場論如此，

所有物理理論的變革也是如此，不論改變看起來多麼有革命性。在現在的狀況，舉例來說，我們還是可以從馬克示威的理論找到電荷的觀念，雖然電荷只被視為電場的源頭。庫倫定律依舊有效，也包含在馬克士威方程組中。它能從這些方程式推導而得，是馬克士威方程組諸多結果中的一個。只要調查過舊理論的有效範圍，我們依然可以使用它們。不過我們也可以採用新理論，因為所有已知的事實都在新理論的有效範圍裡。

打個比方，建立新理論不是拆掉一個老穀倉，然後在原地蓋一棟摩天大樓；它比較像爬一座山，越往上爬，視野更加寬廣，也能看到新的事物，發現我們的出發點和周圍豐富的環境之間，其實有著意想之外的連結。我們的出發點並沒有消失，它還在視線範圍內，但是看起來小了不少，在我們克服向上的障礙之後，它變成了高處寬廣視野中的一小部分。

馬克士威的理論得到全盤認同，確實花了很長一段時間。剛開始，人們認為在以太的協助下，往後可以用機械論的方式詮釋場。等到所有人都理解這個計畫是死路一條，場論取得的重要成就已經得到足夠的關注，無法被機械論的教條取代。另一方面，設計機械論的以太模型似乎越來越無趣，因為被迫採用人為的假設，得到的結果也令人沮喪。

我們的出路似乎只剩下接受空間具有傳遞電磁波的物理

性質，並忽略這個敘述背後的涵義。我們還是能使用以太這個字眼，但只限於描述空間的某些物理特性。在科學發展史，以太一詞的意義曾經改變過很多次。這一次，它不再代表粒子組成的介質。以太的故事還沒結束，它的後續藏在了相對論。

力學的框架

故事到了這個階段，我們必須回到起點，回到伽利略的慣性定律。我們再次引述如下：

物體會保持靜止，或是沿直線維持一致的運動狀態，除非它受到作用在其上的外部力影響，運動狀態被迫改變。

了解慣性的觀念後，人們會好奇它還有什麼意義。我們雖然完整地討論過這個問題，但沒有理由認為它已經蓋棺論定。

想像一個認真的科學家，相信慣性定律可以被實驗證實或反證。他在水平的桌面上推動小球，同時盡可能消除摩擦的影響。他注意到，隨著桌子和小球平滑度的增加，小球的運動越來越接近等速運動。在他宣布慣性定律為真的前一

秒，有人決定來個惡作劇。我們的物理學家在一間沒有窗戶的房間工作，也沒有對外溝通的手段。惡作劇的仁兄利用某種裝置，使他能以穿過房間中心的直線為軸，快速旋轉整個房間。旋轉開始的瞬間，物理學家有了意料之外的新發現。原本以等速運動的小球，開始試著遠離房間中心，盡可能靠近房間的牆壁。物理學家本人則感受到一股奇怪的力，把他推向牆面。他的感受等同於坐在沿著曲線，快速移動的火車或汽車上的乘客，或是說，像是旋轉木馬上的乘客。物理學家原本的成果，現在一點不剩。

我們的物理學家勢必要放棄所有力學定律，包含慣性定律。慣性定律是他的起點，如果起點不同了，他的所有結論也是。一個注定在旋轉房間中度過一生的觀測者，也必須在房間內進行所有實驗。他的力學定律會和我們不同。另一方面，如果他踏入房間時已經有對物理有充分的理解，而且對物理原理深具信心，對於力學定律的瓦解，他會假設自己身處一個旋轉的房間，以此解釋異常狀況。他甚至能透過力學實驗確定房間旋轉的方式。

我們為何要如此關注旋轉房間中的觀測者？原因很簡單，因為地球上的我們，某種程度上來說處境是相同的。從哥白尼以來，我們知道地球正在繞著自己的轉軸自轉，也繞著太陽公轉。即使是這麼單純的想法，每個人都明白這件事，在科學的進展中也沒有被忽略。但是，我們暫且放下這個問

題，並接受哥白尼的觀點。如果旋轉中的觀測者無法確定力學定律正確與否，地球上的我們應該也做不到這件事。然而，地球的旋轉式是相對慢的，所以效應並不是很明顯。儘管如此，還是有很多實驗結果和力學定律存在微小的偏差，這些偏差持續存在，可以視為地球正在旋轉的證據。

　　不幸的是，我們無法親自到地球和太陽之間證明慣性定律的有效性，並親眼見證轉動的地球。這件事只有通過想像才能做到。我們的所有實驗必須在地球上進行，因為我們只有住在地球上的選項。同樣的事實通常會用更科學的方式表達：**地球是我們的座標系**。

　　為了清楚傳達這些文字的意義，我們來看一個簡單的例子。在任何時間，我們可以預測從塔上被拋下的石頭的位置，並透過觀察確認我們的預測。如果把一根測量棍放在塔的一旁，我們可以預言在任意時刻，下落物體會抵達哪一個標記。塔和尺的材料顯然不能是橡膠，或是任何在實驗過程中會發生任何變化的材料。事實上，要進行這個實驗，我們需要的只有一根不會變動的尺固定在地球上，以及一個準確的時鐘。如果準備齊全，我們不僅能忽略塔的結構，甚至能忽略它的存在。剛才的描述其實都不重要，一般來說，也不會在實驗描述中強調。但是經由這個分析，我們知道在每一個陳述裡其實藏有很多假設。在剛才的情形，我們假設存在一根剛性的棍棒，和一個完美的時鐘，沒有這兩樣東西，我們不

可能針對下落物體檢驗伽利略的定律。有了這兩樣簡易但基本的物理儀器，棍子和時鐘，我們可以在某種精確度下檢驗慣性定律。仔細進行實驗，結果顯示理論和實驗之間的差異是由地球的旋轉所造成。或是換句話說，差異是因為此處描述的力學定律，在與地球剛性連結的座標系上，並不是嚴格地有效。

不論哪種類型，在所有力學實驗我們都要決定物質在某個時間點的位置，就像上個實驗的下落物體。但是要描述位置，必須要有一個參照物，就像上個實驗的塔或尺。我們必須有一個名為**參考系 (Frame of reference)** 的力學框架，使我們能決定物體的位置。要描述城市中的人或物的位置，我們可以用街道組成一組框架作為參照。目前為止，我們引用力學定律時都省去描述框架的麻煩，因為我們正好住在地球上，不管任何狀況，找一個剛性地固定在地球上的參考系並不困難。我們用以參照觀測的這組框架，由剛性的不可變動物體組成，稱為**座標系（Co-ordinate system）**。

如此一來，我們先前所有的物理敘述都缺了一些東西。我們沒有注意到所有觀察必須在一組特定的座標系中進行。我們直接忽略座標系的存在，卻沒有詳述它的結構。比方說，當我們寫下：「一個物體以等速度運動……」我們其實應該這樣寫：「一個物體相對於指定的座標系，以等速度運動……」旋轉房間的經驗告訴我們，力學實驗的結果可能和

座標系的選擇有關。

如果兩個座標系相對於彼此正在旋轉，力學定律不能同時適用於兩者。如果游泳池的水面是一個座標系，水面在這個座標系看起來是水平的；在另一個座標系，同一個泳池的水面會是一個曲面，類似人們用湯匙攪拌咖啡的樣子。

建構力學的主要線索時，我們忽略了一件重要的事。我們沒有說明它們適用於哪個座標系。因為這樣，整個古典力學就像懸在半空中，我們不知道它所參考的框架。不過，我們暫時跳過這個難題。我們做一個有些瑕疵的假設，假定在所有與地球剛性地相連的座標系中，古典力學定律都是有效的。這是為了固定座標系，使我們的敘述更具體。雖然把地球視為合適的框架不是完全正確的，我們暫且先接受這個敘述。

因此，我們假設存在一個使力學定律有效的座標系。那麼，這個座標系是唯一的嗎？如果我們有一個座標系，相對於地球正在移動，像是火車、船舶或是飛機，在這些新的座標系上，力學定律還是有效的嗎？我們確信力學定律不是永遠有效，例如在轉彎的火車、風暴中的船舶或特技翻轉的飛機上。我們從一個簡單的例子開始。有一個座標系，相對於「好的」座標系，也就是力學定律有效的座標系，正在以等速運動。這個座標系可以是理想的火車或船舶，以愉悅的穩定度沿著一條直線前進，前進速度永遠不變。從日常經驗出

發，我們知道兩組座標系都可以是「好的」，在等速運動的火車與船舶上進行的物理實驗，結果會和地表上進行的實驗完全相同。但是，如果火車停住、突然加速或是海象突然變差，奇怪的事情發生了。火車上的行李箱紛紛從架上掉了出來；船上的桌椅四處傾倒，乘客開始暈船。從物理的觀點出發，這表示力學定律不適用於這些座標系，它們是「壞的」座標系。

這些結果，可以用**伽利略相對性原理**表示：**如果力學定律在一個座標系是有效的，它們在任何一個相對於第一個座標系以等速運動的座標系，都是有效的。**

如果有兩個相對於彼此，進行非等速運動的座標系，力學定律不可能同時適用於兩邊。「好的」座標系，也就是力學定律有效的座標系，我們稱為**慣性系統**。至於慣性系統是否存在的問題，其實還沒解決。但這樣的系統只要有一個，就可以找出無限多個。每一個相對於慣性系統進行等速運動的座標系，也都是慣性系統。

讓我們考慮兩個座標系，相對於彼此，它們從已知位置出發進行等速運動，速度已知。喜歡具體圖像的人，可以安全地想像一艘船或一列火車，相對於地球正在移動。在等速運動的船上、火車上或是地球上，力學定律可以經由實驗，以同等的精確度確認有效。但是，當兩個系統中的觀測者，以各自的座標系為出發點，開始討論同一個事件的觀測結

果，問題就會浮現。每個觀測者都想把另一位的觀測結果轉換成自己的語言。再看一個簡單的例子：從兩個座標系出發，觀測同一個粒子的運動——以地球和等速運動的火車為例。兩者都是慣性系統。如果兩個座標系的在某個時間點的相對速度及位置已知，而且我們知道其中一個慣性系統的觀測結果，那麼，這些資訊足夠推論出另一個慣性系統的觀測結果嗎？對於一個事件的描述，知道如何從一個座標系變換到另一個座標系是最基本的要求，因為兩個座標系是等價的，也都適合描述自然界發生的事件。的確，知道其中一個座標系的觀測者的結果，就足以推論出另一個座標系的推測者的結果。

讓我們用更抽象的角度考慮這個問題，把船和火車排除。為了簡化問題，我們只考慮直線上的運動。我們有一根帶有刻度的剛性棍棒，還有一個準確的時鐘。在簡單直線運動的例子，剛性棍棒就代表一個座標系，就像伽利略的實驗中位在高塔旁的棍棒。把剛性棍棒想作一個座標系，這在直線運動的狀況是簡單的好選擇；對空間中任意的運動來說，選擇一個由垂直與水平的梁柱組成的剛性框架作為座標系，同樣是個好選擇，不論那是高塔、牆壁、街道，或是類似的東西。在最簡單的例子，假設我們有兩個座標系，也就是兩根剛性棍棒，我們把其中一根放在相對高處，把兩個座標系分別稱為「上」座標系和「下」座標系。假設兩個座標系相

圖 3-12

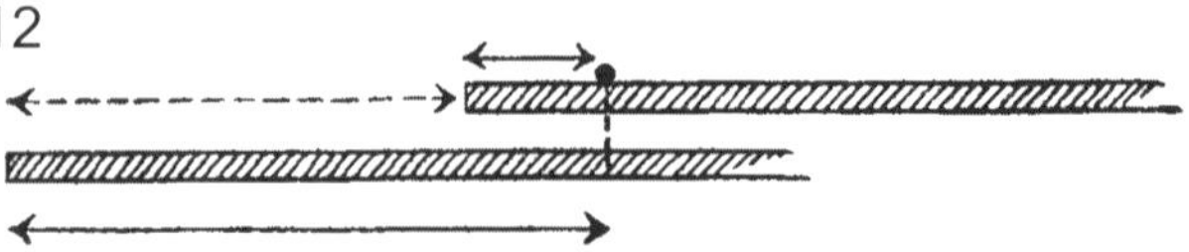

對彼此，以固定的速度移動，使得其中一根棍棒沿著另一根的方向滑動。我們能放心假設兩根棍子是無限長，具有起始點但沒有終點。一個時鐘給兩個座標系用也夠了，因為兩者的時間流動相同。在我們開始觀察時，兩根棍棒的起始點是相同。此刻，質點的位置在兩個座標系由相同的數字表示。質點的位置對應到棍棒上的刻度，藉此給出一個確定質點位置的數字。但是，如果棍棒相對彼此開始等速運動，一段時間後，比方說過了一秒，兩個座標系對應到位置的數字就會不同。在上座標系，決定位置的數字不隨時間變化；但是下座標系對應的數字會，如圖 3-12。與其說「對應到點的位置的數字」，我們可以簡化成「**點座標**」。如此一來，雖然下面的敘述看起來有點有趣，從上面的圖我們可以看出它是正確的，而且表現出非常簡單的事情。下座標系的點座標，等於同一個點在上座標系的座標，加上上座標系的原點相對於下座標系的座標。重要的是，如果我們知道某個點在一個座標的位置，我們就能計算出它在另一個座標的位置。這項計算的前提是我們必須知道問題中的兩個座標系在任意時刻的相對位置。雖然這聽起來有點學問，但它其實真的很簡單，不需要這麼細緻的討論，雖然我們不一會就會發現它的實用

之處。

　　我們值得多花點時間留意兩件事的差異：決定點的位置，與決定事件的時間。每個觀測者都有一根棍子，組成他的座標系，但全部的觀測者只有一個時鐘。時間是某種「絕對」的存在，對所有座標系的觀測者來說，時間流速都是相同的。

　　現在看下一個例子。在大船的甲板上，有一個人沿著甲板在散步，速度是每小時 3 英里。這是他相對船的速度，或者說，相對剛性地和船連結的座標系的速度。如果相對於海岸，船的速度是每小時 30 英里，而且人和船的等速運動方向相同。那麼，散步者的速度相對於岸上的觀測者，是每小時 33 英里；相對於船，則是每小時 3 英里。我們可以更抽象的表示這個現象：移動質點的速度，相對於下座標系，等於質點相對於上座標系的速度，加上或減去上座標系相對於下座標系的速度，加或減取決於速度的方向是相同或是相反，如圖 3-13。因此，我們能在座標系間變換的不只是位置，只要我們知道兩個座標系的相對速度，速度也能變換。

圖 3-13

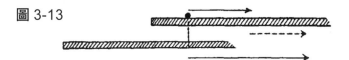

　　位置或者說座標，以及速度，是兩個在不同座標系會有差異的量，並且由固定的**變換律**（Transformation laws）連結。在上面的例子，變換律就非常單純。

　　然而，也有一些在兩個座標系中保持相同的量，它們不需要變換律。例如，在上座標系有不只一個而是兩個點。要考慮兩點之間的距離。距離是兩個點座標的差距。要找出兩點相對於不同座標系的座標，我們必須用到變換律。但是，計算兩點位置的差距時，因為座標系的不同產生的差異互相抵消並消失，從下圖 3-14 可以明顯地看出來。我們得加上再減掉兩座標系原點之間的距離。所以，兩個點的距離是一個**不變量（invariant）**，也就是說座標系的選擇不影響這個量。

圖 3-14

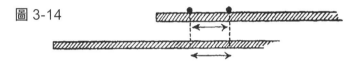

　　下一個不受座標系影響的量，是速度的變化，我們從力學開始就很熟悉的量。照慣例，我們從從兩個座標系觀察沿直線移動的質點。對不同座標系的觀測者來說，質點速度的變化是速度的差距，兩個座標系之間的等速運動造成的影響會在計算的過中消失。速度因此也是一個不變量，當然前提是兩個座標系的相對運動是等速的。不然速度的變化對兩個座標系來說會是不同的，差異的來源是兩根棍棒相對運動的速度變化，代表我們的座標系。

　　現在看最後一個例子！有兩個質點，某個力作用在質點之間，它只和距離有關。在直線運動的狀況，距離是不變量，也就是說力也是不變量。牛頓定律連結了力與速度變化，因

此它能同時適用於兩個座標系。我們又得到一個符合日常經驗的結論：如果力學定律對一個座標系有效，在所有相對於該座標系做等速運動的座標系，力學定律同樣有效。我們還是用個例子說明，它自然是單純的：一個用剛性棍棒作為座標系的直線運動。雖然例子是單純的，不過我們的結論在一般的狀況下都有效，可以總結為以下幾點：

（1）我們不知道任何尋找慣性系統的規則。然而，只要有一個慣性系統，我們可以找出無限多個。因為每一個相對於其他系統做等速運動的座標系，只要這之中有一個座標系是慣性系統，其他的也都會是。

（2）對任何座標系來說，某個事件對應的時間都是相同的。但是，事件在不同座標系的座標與速度則不同，它們遵循變換律改變。

（3）從一個座標系變換到另一個座標系時，雖然座標和速度會改變，但力與速度變化則不變。因此，力學定律在變換律中是不變的。

此處列出的變換律適用於座標和速度，我們稱它為古典力學的變換律，或是簡短一點，稱為**古典變換（Classical Transformation）**。

以太與運動

　　伽利略相對原理對力學現象有效。同一組力學定律,適用於所有相對彼此正在移動的慣性系統。對非力學現象,伽利略相對原理還是有效的嗎?特別是那些對場的觀念至關重要的現象?以此問題為中心的種種疑問,引領我們走到相對論的門前。

　　我們還記得,光在**真空**中的速度是每秒 186,000 英里;而且光是一種電磁波,在以太中傳遞。電磁場是能量的載體,一旦能量從源頭被發射出去,這股能量就成為獨立的存在。即使我們完全知道以太的力學結構會帶來種種困難,我們還是暫且相信以太是電磁波傳遞的介質,也是光波傳遞的介質。

　　我們坐在一間封閉的房間,和外界完全隔離,使空氣無法進入或離開房間。如果我們坐著不動,開始說話;以物理

的觀點來看，我們正在製造聲波，它們從靜止的源頭出發開始傳遞，速度是聲波在空氣中的速度。如果我們的嘴巴和空氣之間沒有任何空氣或物質的介質，我們就偵測不到任何聲音。實驗證實，如果沒有風，空氣在選定的座標系保持靜止，那麼聲波在空氣中的速度，在每個方向都是相同的。

想像我們的房間在空間中等速運動。有一個人從外面，透過房間（如果你喜歡，也可以是移動的火車）的玻璃牆，看見房間內發生的每一件事。從內部觀測者的測量結果，外面的人可以推導出聲波相對於他的座標系的速度。他的座標系和周圍環境連結，相對於房間正在移動。又一次，我們遇到討論過很多次的老問題，若速度在一個座標系已知，在另一個座標系，速度如何變化？

房間裡的觀測者宣稱：對我來說，聲音的速度在每一個方向都是相等的。

外面的觀測者則說：在房間中傳遞的聲音，相對於我的座標系，它的速度在各個方向並不相等。在房間移動的方向，聲音傳遞的速度大於標準聲速；在反方向，聲速小於標準聲速。

以下是以古典變換為基礎得出的結論，它們可以被實驗確認。房間中存在物質介質，聲波在空氣中傳遞。因此，對內部和外部的觀測者來說，聲音的速度是不同的。

從聲音是一種在物質介質中傳遞的波的理論，我們可以

延伸出更多種結果。如果相對於說話者周遭的空氣，我們奔跑的速度比聲音的速度更快，我們就聽不見他的聲音。雖然不能說是最簡單的，這是一種聽不見其他人說話的方式。說話者製造的聲波，永遠無法抵達我們的耳朵。另一方面，如果我們錯過某個重要的、單次發送的消息，我們的跑速得比聲速更快才能追上聲波、聽見消息。除了我們必須以每秒400碼左右的速度奔跑之外，剛剛的例子沒有任何不合理的地方。我們大可以想像，未來的科技發展將讓這樣的速度變為可能。[5]槍枝發射出的子彈，速度比聲音更快，如果有人坐在子彈上，他永遠聽不到槍枝發射的聲音。

　　這些實驗都帶有力學的特徵。現在，我們可以提出以下的重要問題：我們可以在光波的實驗，重現剛才聲波的結果嗎？適用於力學的伽利略相對性原理和古典變換，同樣適用於光學與電學現象嗎？在深入思考它們的涵義之前，用簡單的「是」或「不是」回答問題，是非常危險的行為。

　　在之前的例子，相對於外部觀測者以等速運動的房間中的聲波，以下的中間步驟對我們的結論來說是必要的：移動的房間中存在空氣，聲音在空氣中傳遞。

　　在兩個相對於彼此以等速運動的座標系，從不同座標系

5　譯註：1947年10月，退役的美國空軍查爾斯·耶格爾（Charles E.Yeager），駕駛貝爾XS-1型火箭發動機飛機，以1.015馬赫的速度飛越加州的美軍空軍基地，完成人類首次超音速飛行。

觀測到的速度，可以用古典變換連結。

光對應的問題則稍微不同。房間中的觀測者不是說話，而是送出光信號，朝每個方向發出光波。我們進一步假設房間中發射信號的光源永遠保持靜止。就像聲波在空氣中傳遞，光波在以太中傳遞。

房間承載著空氣，那以太同樣也由房間乘載嗎？由於我們沒有任何和以太有關的力學圖像，這個問題非常難回答。如果房間是封閉的，空氣將被迫與房間一起移動。顯然，我們沒有理由認為以太也有相同的行為，因為以太無所不在，所有物質都沉浸在以太中。對以太來說，一扇關閉的門是沒有意義的。「移動的房間」現在只代表一個移動的座標系，裡面有一個剛性連結到座標系的光源。不過，想像房間和光源帶著以太移動，就像聲源與空氣隨著封閉房間移動，也不能說太過頭。但是，我們同樣能想像相反的情形：房間在以太中的運動，就像一艘船，穿過完美平滑的大海，純粹穿過介質，沒有帶走介質的任何部分。在第一個圖像，房間與光源移動時，以太也跟著移動。我們可以把這個狀況類比為聲波，也能得出與聲波類似的結論。至於第二個圖像，房間與光源移動時，以太沒有跟著移動。我們不能用聲波類比這個狀況，聲波的結論在光波的狀況也會失效。以上是兩種部分的可能性。我們可以想像更複雜的狀況，比方說只有部分以太隨著房間和光源移動。不過，在實驗結果在兩種簡單的部

分可能性之間選擇之前，沒有理由花時間討論更複雜的假設。

讓我們從第一個圖像開始，暫時假設：在房間及剛性連結的光源移動時，以太也跟著移動。如果我們相信適用於聲波的簡單變換原理，就可以把聲波的結論套用在光波。我們沒有理由懷疑簡單的力學變換律，根據變換律，速度在某些情況要相加，某些情況要相減。因此，我們暫時假設房間會帶著以太和光源一起移動，也假設古典變換適用於這個情形。

如果我把剛性連結於房間的光源點亮，光信號的速度將是眾所周知的實驗值，每秒 186,000 英里。但是，外部觀測者注意到房間的運動，因為這樣，他也注意到光源正在移動──而且，因為以太跟著移動，他的結論必定是：在外部座標系，不同方向的光速是不同的。在房間移動的方向，速度大於標準光速；在反方向，速度小於標準光速。我們的結論是：如果房間帶著以太和光源一起移動，而且力學定律有效，光速必定和光源的速度有關。如果光源向我們移動，朝我們眼睛移動的光速度會更快；如果光源正在遠離，光速會變小。

如果我們的速度超過光速，就能逃離光訊號。追上先前發出的光信號，我們可以看到過去發生的事情。我們追上光信號的順序，和信號發出的順序相反。在我們眼中，地球上

發生的一連串事件，就像一部從快樂結局開始倒著放的電影。這些結論的出發點，是移動的座標系能帶走以太的假設，以及力學變換有效的假設。如果假設都是真的，光波與聲波的類比就毫無瑕疵。

但是，沒有線索顯示剛才的結論，反應出真實的狀況。相反地，它們和所有試圖證明結論為真的觀測結果矛盾。雖然觀測結果是由相對間接的實驗得出，因為光速龐大的值造成許多技術困難，這個判決的正確性沒有一絲一毫的懷疑空間。**在任何座標系，光速都是固定的，和光源是否移動、如何移動都沒有關係。**

使我們得出這項重要結論的實驗有很多，我們不會深入描述它們的細節。不過，我們可以透過一些非常簡單的論證讓這個事實更加有說服力，也更容易理解，即使它們並沒有證明光速和光源的運動無關。

在我們的行星系統，地球和其他行星繞太陽公轉。我們不知道其他和我們類似的行星系統是否存在。但是，我們知道有很多雙星系統，由兩顆繞著一個點公轉的恆星組成，該點稱為重力中心。雙星系統運動的觀測結果，證明牛頓的重力定律是有效的。現在，假設光速和發射光的物體的速度有關。如此一來，恆星發射出的訊息，也就是光線，它們的速度將隨著恆星發出光線那一瞬間的速度變化，有時變快，有時變慢。這個狀況下，雙星系統的運動會被干擾，我們沒有

辦法確定兩顆恆星的距離，也不會知道規範我們的行星系統的重力定律，在雙星系統是否有效。

讓我們考慮從另一個簡單的觀念出發的實驗。想像一個轉動速度非常快的車輪，根據我們的假設，以太會被運動帶走，變成整個運動的一部分。通過車輪附近的光波，在車輪靜止時的速度和車輪轉動時不同。光在靜止以太中的運動，應該不同於光在被車輪高速扯動的以太中的速度，就像聲波的速度在強風的日子與無風的日子是不同的。但是，我們從來沒有偵測到這個差別！不管我們從哪一種角度靠近物體，不管我們設計多少關鍵實驗，判決永遠不支持以太會被運動帶走的假說。如此一來，我們深思的結果得到諸多更詳細、更技術性的論證支持，它們是：

光速和發射光源的運動無關。

不能假設運動的物體會帶走周圍的以太。

因此，我們不得不放棄聲波與光波的類比，轉向第二種可能性：所有物質都會穿越以太，不論哪一種運動，以太都不會參與。這代表我們假設存在一個以太的海洋，所有的座標系在以太海中不是靜止，就是相對於以太海移動。假設我們暫時放下這個理論是否能透過實驗證明或否證的問題。那麼，先熟悉這個假設的涵義，找出這個假設隱涵的結論會是比較好的選擇。

有一個座標系，相對於以太海保持靜止。在力學，我們

無法在許多相對於彼此以等速移動的座標系中，辨識出一個特別的座標系。所有的座標系都是同樣的「好」或「壞」。如果有兩個相對彼此等速移動的座標系，追問哪一個座標系是靜止，哪一個正在移動，在力學來說是沒有意義的。我們能觀測到的只有等速運動。因為伽利略相對性原理，我們無法討論絕對等速運動。不僅**相對**等速運動，**絕對**等速運動同樣存在，這段話代表什麼？很簡單，它代表存在一個座標系，在這個座標系，有些自然定律和其他座標系不同。還有，所有觀測者都可以探知自己的座標系是靜止或正在運動，他們只要把自己的座標系有效的定律，和獨一無二的標準座標系的定律比較即可。這個問題不同於古典力學的範疇，在古典力學，因為伽利略的慣性定律，絕對等速運動是沒有意義的。

如果運動能穿越以太，在場的現象的領域我們能得出什麼結論？這代表存在一個與眾不同的座標系，相對於以太海保持靜止。明顯地，某些自然定律在這個座標系必定是不同的，否則「穿越以太的運動」這個詞將變得毫無意義。如果伽利略相對性原理有效，「穿越以太的運動」就完全沒有道理。兩件事情完全沒有妥協的空間。然而，如果有一個特別的座標系，固定在以太海中，「絕對運動」或「絕對靜止」兩個詞就能得到確切的意義。

我們別無選擇。我們假設以太會被系統的運動帶走，試圖拯救伽利略相對性原理，但這個假設和實驗結果矛盾。唯

一的出路只有放棄伽利略相對性原理，試試所有物體穿越平靜的以太海的假設。

下一步，考慮和伽利略相對性原理互相衝突，但支持運動穿越以太此一觀點的結論，最後以實驗測試結論。這樣的實驗很容易想像，實作起來卻不容易。不過，我們更關注觀念推演，不需要在意技術困難。

我們再度回到我們的移動房間，有兩個觀測者，一個在內，一個在外。外部的觀測者代表標準座標系，由以太海指定。這個座標系是特別的，在這個座標系，光速永遠是標準值。所有平靜以太海中的光源，不論移動或靜止，它們發出速度相同的光。房間和觀測者穿越以太。想像在房間中央，有一道閃爍的光，房間牆壁是透明的，所以內部和外部的觀測者都能測量光速。如果問兩個觀測者他們期待哪一種觀測結果，回答應該會類似這樣：

外部觀測者：我的座標系是以太海指定的。在我的座標系，光速永遠是標準值。我不用在意光源或其他物體是否在移動，因為它們不會帶走我的以太海。我的座標系與眾不同，光速在這個座標系必須是標準值，和光束的方向和光源的運動無關。

內部觀測者：我的房間穿過以太海。其中一面牆遠離光線，另一面則靠近光線。相對於以太海，如果我的房間以光速移動，從房間中央發出的光線，永遠無法抵達以光速逃離

光線的那道牆。如果房間移動的速度小於光速，房間中央發出的光波會先抵達其中一面牆，再抵達另一面。光波抵達朝光波移動的那面牆的時候，它還沒抵達遠離光波的牆。因此，雖然光源剛性地連結到我的座標系，光速在不同方向是不同的。相對於以太海，光速在房間正在遠離的方向上較小；在房間靠近光波的相反方向，牆壁會更快遇見光波，光速較大。

因此，只有在因為以太海而與眾不同的座標系，光速在每一個方向才會是相同的。在其他相對以太海正在移動的座標系，光速和我們進行測量的方向有關。

我們剛才考慮的關鍵實驗，使我們能測試運動穿越以太海的理論。事實上，大自然給了我們一個移動速度足夠快的系統——就是以年為單位，繞著太陽運動的地球。如果我們的假設是正確的，地球運動方向上的光速，與相反方向的光速，應該會有差異。這個差異可以計算，也能通過特別設計的實驗測量。考慮到理論預期的時間差非常小，實驗設計會非常精巧，我們必須仔細斟酌。著名的邁克生－莫雷實驗（Michelson-Morley experiment）做到了這項要求。實驗結果，是物質穿越平靜以太海這項理論的「死刑」判決。實驗沒有找到光速在不同方向的任何差異。不只是光速，假設以太海的理論是正確的，在移動中的座標系，所有和場有關的現象也會展現和方向的相關性。和邁克生－莫雷實驗雷同，每一個實驗都給出相同的反對結果，沒有找到任何和地球的運動

方向有關的相關性。

狀況越來越嚴峻。我們試過兩項假設。假設一，移動物體會帶走以太。光速和光源的運動無關的現象，和假設一產生矛盾。假設二，存在一個特別的座標系，而且移動物體不會帶走以太，而是穿越一個永遠平靜的以太海。如果假設二為真，伽利略相對性原理就是無效的，每一個座標系的光速會是不同的。這個假設再次和實驗結果產生矛盾。

人們試了更多種人為的理論，假設真相介於剛才兩種受限的狀況之間：只有部分以太會隨物體移動。但是他們全部失敗了！每一個試圖透過以太本身的運動、穿越以太的運動，或是兩種運動同時發生的理論，都無法解釋移動座標中的電磁現象。

因此，科學史上幾個最戲劇性的發展出現了。所有和以太有關的假設，通通是死胡同！所有實驗的判決，都否定以太的假設。回顧物理的發展史，我們發現以太才出生沒多久，就變成整個物質家族的**問題兒童**。首先，為以太建構簡單的力學圖像就是不可能的任務，人們很快就放棄了。這是機械觀崩壞的主要原因。其次，我們希望透過設想以太海的存在，能辨識出一個特別的座標系，這個座標系不只有相對運動，也允許絕對運動。這個希望最後也破滅了。要合理化以太的存在，除了乘載波之外，這個假設原本是唯一的出路。所有讓以太成真的假設都失敗了。我們不僅沒找到以太的力學結

構，也沒找到絕對運動。以太的性質所剩無幾，剩下的只有它被發明的原因，也就是乘載電磁波的能力。探索以太性質的努力處處碰壁，自相矛盾。經過這些不快的體驗，現在就是放棄以太的時機，我們再也不要提到這個名詞。我們應該採用這個說法：我們的空間具有傳導波的物理性質。如此一來，我們就不用提到，那個再也不想提起的名詞。

把某個詞從字典中剔除，自然不是解決問題的辦法。確實，比起這個解方，我們的麻煩要深刻得多！

我們再次寫下已經由實驗充分確認的事實，不再考慮「某太」的問題。

（1）真空中的光速永遠是標準值，和光源或接收者的運動無關。

（2）在兩個相對彼此等速運動的座標系，所有自然定律完全相同，沒有任何辦法能分辨絕對等速運動。

有很多實驗能佐證上面兩段敘述，反證的實驗一個都沒有。第一段描述表達光速的恆定性；第二段描述推廣了伽利略相對性原理，適用範圍從力學現象延伸到自然界的萬事萬物。

在力學，我們曾見過：如果質點相對於某座標系的速度是某個值，在相對於第一個座標系等速運動的另一個座標系，質點的速度是不同的。這是簡單的力學變換律的結果。這些變換律可以很快由直覺得出（人相對於船和海岸的運

動），中間顯然不太有出錯的可能！但是，這和光速恆定的性質矛盾。或者，換句話說，我們加上第三條原理：

（3）從某個慣性系統變換到另一個慣性系統時，位置和速度遵守古典變換律。

加上第三條原理，矛盾就很明顯了。我們無法把敘述（1）、（2）、（3）結合在一起。

古典變換唾手可得，又相當簡單，不會有人把腦筋動到調整古典變換。我們試過調整敘述（1）和（2），但是不符合實驗結果。所有和「某太」相關的理論，都需要調整敘述（1）和（2）。這是不正確的。我們再次體會到這次的困境有多嚴重。我們需要新的線索。線索來自全盤接受**基本假設（1）和（2）**，然後，雖然這麼做看起來很奇怪，**放棄假設（3）**。新線索的起點從分析最根本和初始的觀念開始。我們將要說明，這個分析如何迫使我們改變舊有觀念，然後突破所有的困境。

時間、距離、相對論

我們的新假設包含：

（1）真空中的**光速，在所有相對彼此等速運動的座標系相同。**

（2）**所有自然定律，在所有相對彼此等速運動的座標系相同。**

相對論的起點就是以上兩個假設。現在開始，我們不會使用古典變換，我們知道它和我們的假設矛盾。

依照科學的慣例，我們要避免重複根深柢固的、未經批判的偏見，這是往後的基本功。因為我們知道調整（1）和（2）和實驗結果矛盾，我們就得鼓起勇氣，堅持（1）和（2）的有效性，攻擊那個可能的弱點，也就是速度和位置在座標系間變換的方式。我們想看看（1）和（2）能得出何種結論，並檢視這兩個假設和古典變換的矛盾點，然後找出結果的物

理意義。

我們再次使用移動房間，加上一內一外兩個觀測者的情境。光訊號同樣從房間中央發出，我們同樣詢問兩個觀測者，假設前兩個原理是正確的，忽略先前和光的介質有關的考量，他們預期的觀測結果是什麼？我們引用他們的答案：

內部觀測者：從房間中央出發的光信號，將**同時**抵達 4 面牆壁。因為所有的牆壁和中心的距離相同，而且光速在每一個方向都是相等的。

外部觀測者：我的系統的光速，和隨著房間移動的觀測者看到的光速完全相同。對我來說，光源相對於我的座標系是否正在移動是無關的，因為光源的運動不會影響光速。我看見一道光訊號，在所有方向以標準光速前進。有一道牆試著逃離光訊號，反方向的牆則在靠近。因此，逃離的牆碰到光訊號的時間，比接近的牆晚一點。和光速相比，如果房間的速度不快，訊號抵達的時間差會非常小。即使如此，它不會同時抵達兩道方位與運動方向垂直、彼此面對面的牆壁。

比較兩個觀測者的預期，我們發現一個非常驚人的結果，直截了當地違反了經過千錘百鍊的古典物理觀念。對內部觀測者來說，兩個事件是同時發生的，也就是光線同時抵達了兩面牆，但外部觀測者卻不這麼認為。在古典物理，任何座標系裡的任意觀測者，只有一個時鐘和一種時間流動。時間，以及「同時」、「早一點」、「晚一點」這類詞彙的

意義是絕對的，和座標系無關。兩個事件在某個座標系同時發生，必然代表它們在所有座標系也是同時發生。

假設（1）和（2），也就是相對論，迫使我們放棄這個觀點。我們剛才描述了兩個事件在一個座標系同時發生，卻在另一個座標系發生在不同時間。我們的工作是理解這個結果，並找出下面這個句子的意義：「兩個在一個座標系同時發生的事件，在另一個座標系可能不是同時發生。」

「兩個在一個座標系同時發生的事件」是什麼意思？直覺上所有人似乎都能知道這句話的意思。但是，我們得下定決心，謹慎行事，試著給這句話一個嚴謹的定義，因為我們知道高估直覺的危險性。

我們先回答一個簡單的問題：時鐘是什麼？

對於時間流動的原始主觀感受，使我們能排序感官訊號，判斷哪件事在先，哪件事在後。但是要表示兩個事件的時間差是 10 秒，就需要一個時鐘。時鐘的運用，使時間觀念客觀化。所有物理現象只要能精確地任意重複多次，都能當作時鐘。把某個現象的開始和結束之間的時間差當作一單位的時間，重複這個物理過程就能測量任何時間間隔。從簡單的沙漏到最精細的儀器，所有時鐘都透過這個原則運作。沙漏的時間單位，是沙粒從上往下流所需的時間間隔。只要把沙漏反過來，就能重複相同的物理過程。

在兩個相距甚遠的位置，有兩個完美的時鐘，顯示完全

相同的時間。不論檢驗方式為何,這段敘述永遠為真。但是,這段敘述真正的意義是什麼?我們要怎麼確定兩個分開的時鐘顯示完全相同的時間?利用電視是一種可能的做法。電視只是一個例子,並不是論證的必要部分,這點必須弄清楚。我可以站在一個時鐘旁,然後透過電視畫面看到另一個時鐘。這樣一來,我就能判斷兩個時鐘是否同時顯示相同的時間。但是,這不是好的證明。電視畫面由電磁波傳遞,速度等於光速。我在電視看到的畫面,是在非常短的時間前傳送出來的;至於我實際看到的時鐘,顯示的卻是這個瞬間的時間。這個困難很容易克服。我可以把電視放在兩個時鐘的中間點,從中間點觀測時鐘。如果同時送出訊號,它們會在同一個瞬間到我這裡。如果從中間點觀測兩個分開的好時鐘,時鐘永遠會顯示相同時間。如此一來,它們就能用來指示兩個分開的位置上,事件的發生時間。

在力學,我們只有用到一個時鐘。但這其實不太方便,因為我們必須在這個時鐘周圍完成所有測量。從一段距離外看時鐘,比方說透過電視,必須要記得我們現在看見的事件,發生時間實際上更早一點。我們欣賞日落時,我們其實在日落發生的8分鐘後才記錄到這個事件。視我們與時鐘的距離,我們需要修正所有時間讀數。

因此只有一個時鐘很不方便。然而,我們現在知道如何判斷兩個或以上的時鐘是否以相同方式運作,是否在同一個

時刻顯示相同的時間。因此,在任何座標系,我們大可以想像很多個時鐘,數量沒有限制,每個時鐘都能幫我們決定緊鄰於它的事件的發生時間。相對於座標系,所有時鐘都是靜止的。這些是「好」的時鐘,而且是**同步(Synchronized)**的,表示它們同時顯示相同的時間。

我們處理這些時鐘的方法,並不特別驚人或奇特。我們現在使用不只一個,而是多個同步的時鐘。因此,我們能輕易地判斷兩個相距甚遠的事件,在給定的座標系中是否同時發生。如果事件發生當下,周圍的同步時鐘顯示相同的時間,兩件事件就是同時的。現在,描述某些遙遠的事件比另一些事件更早發生,就有明確的定義。利用我們座標系中靜止的同步時鐘,就能判斷事件先後。

這個定義符合古典物理,目前也沒有違背古典變換。

為了定義同時事件,時鐘在訊號的協助下完成同步。在我們的安排中,這些訊號必須以光速傳遞。光的速度在相對論扮演著根本性的角色。

我們想處理的重要問題,和兩個相對彼此等速運動的座標系有關。因此,我們必須考慮兩根長棍,並幫它們各自配上一個時鐘。兩座標系中的觀測者相對彼此正在運動,他們現在各有一根長棍,各自剛性地連結到一個時鐘。

在古典力學的測量,所有座標系只用到一個時鐘。現在,我們使用多個時鐘,每個座標系各有一個。這個差異不重要,

一個時鐘其實夠用了。不過，只要時鐘確實地同步過，沒有人會反對多用幾個。

現在，我們接近相對論和古典變換產生矛盾的根本之處。如果兩個時鐘相對彼此等速運動，會發生什麼事？古典物理學家的回答是：不會有事發生。時鐘的節奏還是一樣，移動的時鐘和靜止的時鐘都能用來指示時間。從古典物理的觀點，在某座標系同時發生的事件，在其他座標系也是同時的。

但是這不是唯一可能的答案。我們同樣可以想像移動的時鐘和靜止的時鐘節奏不同。我們暫時先不做判斷，先討論一下這個可能性。時鐘會不會在運動時改變節奏？移動的時鐘節奏會改變，這段敘述的意義是什麼？簡潔起見，我們假設上座標系只有一個時鐘，下座標系卻有很多個。所有時鐘的運作機制都相同，下座標系的時鐘也都經過同步，也就是說，它們同時顯示相同的時間。我們接連畫下兩個相對彼此運動的座標系的三個位置，如圖 3-15。第一張圖中，上下座標系的時鐘，它們的指針方向相同，這是我們方便起見的安排。所有時鐘顯示相同時間。在第二張圖，我們看見兩個座標系一段時間後的相對位置。下座標系的所有時鐘顯示相同時間，但是上座標系的時鐘，時間已經對不上了。因為上座標系相對於下座標系正在移動，時鐘的節奏改變，時間也產生差異。在第三張圖，我們看到指針位置的差異隨時間增加。

圖 3-15

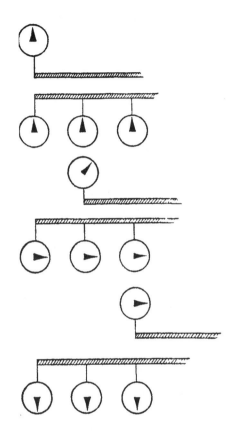

　　下座標系的一位靜止觀測者會發現移動的時鐘節奏會改變。在上座標系有多個時鐘，下座標系只有一個時鐘的狀況；如果相對於上座標系的靜止觀測者，時鐘正在運動，觀測者肯定會發現相同的結果。在相對彼此正在運動的座標系，自然定律必須是相同的。

　　在古典力學，人們不約而同地假設移動的時鐘，節奏不

會改變。這個假設看似理所當然，甚至不用特意提起。但是，沒有任何事情是理所當然的。如果我們希望足夠謹慎，就得分析這項假設。在這之前，物理學普遍認為這是無庸置疑的假設。

不應該只因為某個假設和古典物理不同，就認為它是不合理的。我們大可以想像移動的時鐘節奏會改變，只要改變的定律在每個慣性座標系都是相同的。

還有一個例子。拿一根碼尺，意思是有一根尺靜止於某個座標系時，它的長度正好 1 碼。現在它開始運動，沿著表示座標系的長棍等速滑動。它的長度還會是 1 碼嗎？我們必須先找出決定尺長的方法。只要尺保持靜止，它的兩端會分別對應到座標系上彼此距離等於 1 碼的兩個記號。因此，我們得到結論：靜止的碼尺，長度是 1 碼。在尺移動時，我們如何測量它的長度？我們可以用以下的方法。在某個給定的瞬間，讓兩個觀測者同時拍照，一個觀測者位在尺的起點端，另一個則在終點端。由於相片是同時拍攝的，我們可以透過代表座標系的長棍上的記號，找出移動碼尺起點端和終點端對應的記號，並加以比較。透過這個方法我們決定了尺的長度。必須有兩個觀測者，在座標系上的不同位置，記錄同時發生的事件。我們沒有理由相信，測量結果和碼尺在靜止狀態會是相同的。因為照片必須同時拍攝，而我們已經知道，同時是一個和座標系有關的相對觀念。看起來，在相對彼此

正在移動的兩個座標系，用剛才的方法測量，很可能得到不一樣的結果。

我們可以想像，不只移動時鐘的流速會改變，移動碼尺的長度也會改變，前提是改變的定律在每一個慣性座標系都是相同的。

我們剛才只討論了新的可能性，卻沒有說明做這些假設的正當理由。

我們記得：光速在每一個慣性座標系都是相同的。這個事實與古典物理的矛盾不可能調和。一定有什麼地方出錯了。我們難道無法馬上修正問題嗎？我們難道無法從移動時鐘的節奏變化，以及移動碼尺的長度變化這兩項假設，直接得出光速不變的結果嗎？我們確實可以！此刻，相對論和古典物理產生根本性的分歧。我們的論證可以改為：如果光速在每個座標系都是定值，移動的碼尺長度必須改變，移動的時鐘節奏也必須改變，規範這些改變的定律就能嚴謹地被決定出來。

剛才的論證，沒有一處是神祕或不合理的。在古典物理，人們永遠假設移動時鐘和靜止時鐘節奏相同、移動長棍和靜止長棍長度相同。但如果每個座標系的光速相同，如果相對論是正確的，我們就必須犧牲這個假設。擺脫根深柢固的偏見會很困難，但我們沒有其他路可走。從相對論的角度來看，舊觀念顯得太武斷。就在幾頁之前，我們憑什麼相信對所有

座標系的任意觀測者來說存在流速一致的絕對時間？我們憑什麼相信距離是不變的？時間由時鐘決定，空間座標由長棍決定，測量結果自然可能和時鐘與長棍運動時的表現有關。沒有理由相信它們的表現方式會和我們的希望相同。利用電磁場現象進行觀測，結果間接顯示，時鐘的節奏與長棍的長度都會改變。然而，我們完全沒有想過力學現象的基礎會有這種表現。我們必須接受每個座標系的時間是相對的觀念，因為這是帶領我們走出困難的最佳解方。在相對論的幫助下，科學得到進一步發展，這代表新的觀念不應該被視為**必要之惡**，因為新理論的優點多不勝數。

目前為止，我們試著說明引導我們走向相對論基本假設的因素，也示範理論如何迫使我們修改古典變換，用新方法處理時間和空間。我們的目標是指出新的物理及哲學觀點所處的立足點是由哪些觀念組成。這些觀念很簡單，但以目前的表現形式，它們還不足以形成質化甚至量化的結論。我們必須再次使用老方法，只解釋主要的想法，不會證明其他用到的觀念。

為了釐清與上一代物理學家與現代物理學家在想法上的差異，我們想像兩位物理學家的對話。一位是相信古典變換的古典物理學家 O，另一位是知道相對論的現代物理學家，我們叫他 M。

　　O：我相信伽利略相對性原理在力學的有效性，因為我知道在兩個相對彼此等速運動的座標系，力學定律是相同的。換句話說，力學定律在古典變換中是不變量。

　　M：但是，相對性原理必須適用於外在世界的所有事件，不只是力學定律。在兩個相對彼此等速運動的座標系，所有自然定律必須是相同的。

　　O：在相對彼此運動的座標系，所有自然定律怎麼可能都是相同的？場方程式，也就是馬克士威方程組，在古典變換中並非不變的。光速的例子顯然說明了這一點。根據古典變換，在兩個相對彼此運動的座標系，光速應該是不同的。

　　M：這件事只告訴我們不該使用古典變換，一定還有其他連結兩個座標系的不同變換律，我們不能用現在的變換律連結座標和速度。我們必須從相對論的基本假設導出新的定律，用以取代古典變換。我們不用擔心新變換律的數學形式，只要知道它們和古典版本不同即可。新的變換律，我們簡稱為**勞侖茲變換（Lorentz Transformation）**。在勞倫茲變換下，可以看到場的定律，也就是馬克士威方程組，是不變的。就像力學定律在古典變換下是不變的。回顧一下，在古典物理，我們有座標變換律和速度變換律；但力學定律，在兩個相對彼此等速運動的座標系是相同的。我們有空間變換律，卻沒有時間變換律，因為時間在所有座標系都是相同的。但在相對論，這點卻是不同的。我們有一組和古典變換不同的

變換律，適用於空間、時間和速度。但是，在所有相對彼此等速移動的座標系，自然律必須是相同的。自然律必須是不變的，但並非過往的狀況，在古典變換下不變；而是在一種新形態的變換律下保持不變，也就是勞倫茲變換。在所有慣性座標系，自然定律都是有效的，從一個座標系到另一個座標系的變換，由勞倫茲變換完成。

O：我相信你剛才說的。但我感興趣的是勞倫茲變換與古典變換之間的差異。

M：你的問題最好透過以下方法回答。你先講一些古典變換的主要特性，我會試著說明在勞倫茲變換下這些特性是否被保留下來。如果沒有，我會說明它們如何改變。

O：如果在某個時間地點，在我的座標系發生一個事件。在另一個座標系，相對於我正在等速運動，有一個觀測者用一些數字標記事件發生的位置，這自然是事件發生當下的動作。在所有座標系，我們都用同一個時鐘，時鐘有沒有移動也是無關的。對你來說，這還是有效的嗎？

M：不，這是無效的。每個座標系必須有自己的靜止時鐘，因為運動會改變時鐘的節奏。兩個不同座標系的觀測者，他們不只會針對位置給出不同數字，對事件的發生時間也會給出不同數字。

O：這表示時間不再是不變量。在古典變換，所有座標系的時間永遠是相同的。在勞倫茲變換，時間改變了，而且

它的表現類似於舊有變換律的座標。我想知道距離是如何變換的？在古典力學，剛性長棍在靜止和運動時都會保持相同長度。這件事現在還是有效的嗎？

M：它是無效的。事實上，依據勞倫茲變換，移動的長棍在運動方向會縮短，而且隨著速度增加，縮短的程度也會加大。長棍移動的速度越快，看起來就越短。但這個現象只發生在運動方向上。在我的示意圖（圖 3-16），你可以看到一根移動的長棍，在速度接近光速的 90% 時，長度縮短成一半。然而，在運動的垂直方向，沒有縮減的現象，就像我的示意圖中的樣子（下頁圖 3-17）。

圖 3-16

O：這代表時鐘的節奏和移動長棍的長度和速度有關嗎？這是怎麼發生的？

M：隨速度增加，變化會越來越明顯。根據勞倫茲變化，如果速度抵達光速，長棍會縮減到無。同樣地，和座標軸上的時鐘相比，移動的時鐘也會變慢，而且當時鐘以光速移動時，它就會完全停下來，前提是這是一個「好」的時鐘。

O：這和我們所有的經驗矛盾。我們知道一輛車不會在移動時變短，也知道駕駛可以比較他的「好」手錶和路邊的

圖 3-17

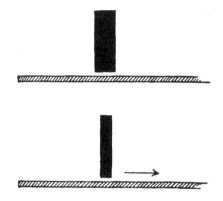

時鐘的時間，他會發現兩邊的時間是吻合的，和你的敘述相反。

M：你說的當然是對的。但和光速相比，這些機械的速度都非常小，把相對論應用到這些現象有些荒謬。即使每個汽車駕駛加速 10 萬倍，他們還是能放心使用古典物理。只有在速度接近光速時，我們才要預期實驗和古典變換產生差異。只有在非常高速的狀況，才能測試勞倫茲變換的有效性。

O：但是還有一個困難。根據力學，我可以想像超光速運動的物體。一個相對浮在海上的船隻以光速移動的物體，它相對海岸的速度會大於光速。當長棍的速度到達光速，長度縮減為零，棍子本身會發生什麼事？如果速度大於光速，我們很難預期負的長度吧。

M：這個諷刺毫無道理可言！從相對論的觀點，物質的物體無法超越光速。光速是所有物質物體的速度上限。如果

相對於船隻，物體的速度等於光速，它相對於海岸的速度也會等於光速。力學中簡單的速度加減規則不再適用，或精確一點，加減的規則只在低速狀況的近似有效，不適用於接近光速的物體。表示光速的數字明確地出現在勞倫茲變換，扮演極限狀況的角色，類似於古典物理中的無限速度。這個更一般性的理論和古典變換與古典物理並不矛盾。相反的，我們在低速的狀況能重新得到舊有觀念，作為適用範圍有限的近似。從新理論的觀點，古典物理能適用的狀況以及它的極限所在，都非常明確。把相對論套用在汽車、船隻和火車的運動是荒謬的舉動，這就像用計算機處理乘法表就能處理的問題。

相對論和力學

　　相對論的誕生是出於需要，即舊理論嚴重的矛盾逼得我們走投無路。新理論的強項在於一致性和簡潔性，它能更好地解決先前的困難，而且只需要幾個有說服力的假設。

　　雖然相對論誕生於場的麻煩，它必須擁抱所有物理定律。我們似乎在這裡遇到一些困難。一邊是場的定律，另一邊是力學定律，兩邊看起來很不一樣。電磁場的方程式在勞倫茲變換下式不變的，至於力學方程式，則在古典變換下保持不變。但相對論宣稱，所有自然定律在勞倫茲變換下才必須是不變的，而非古典變換。後者只是勞倫茲變換在兩個座標系的相對速度很低的時候的特殊案例，適用範圍有限。如果真是如此，為了符合在勞倫茲變換下保持不變的要求，古典力學必須修改。或者換句話說，當速度接近光速，古典力學不會是有效的。從一個座標系變換到另一個座標系的規則

只能存在一個，那就是勞倫茲變換。

　　修改古典力學，使它既不會和相對論矛盾，也不違反過往累積的豐富觀察與解釋結果，這個工作其實很簡單。舊的力學適用於低速的狀況，成為新力學在低速下的有限特殊狀況。

　　考慮一些古典力學經由相對論調整的例子，應該會很有趣。這也許能讓我們找出一些能經由實驗證實或反證的結論。

　　讓我們假設一個具有固定質量的物體在直線上移動，在運動方向上，有一個外部力作用在物體上。我們知道作用力和速度的變化成正比。準確來說，不論一個物體從每秒 100 呎加速到 101 呎，或從每秒 100 英里加速到 100 英里又 1 呎，還是從從每秒 180,000 英里加速到 180,000 英里又 1 呎，力與速度變化的關係都不會改變。如果某物體上的作用力相同，相同時間內的速度變化也會是相同的。

　　在相對論的眼中，剛才的句子是正確的嗎？完全不是！這個定律只在低速的狀況有效。根據相對論，在接近光速的高速狀態下，什麼樣的定律才是有效的？如果速度很大，需要非常強的作用力才能使速度繼續增加。把速度從每秒 100 呎提升每秒 1 呎，或是在接近光速的狀況再提升每秒 1 呎，這是兩件不太一樣的事。越接近光速，速度越難提升。當速度等於光速，就不可能再加速。因此，相對論帶來的修正並

不讓人意外。光速是所有速度的上限。有限的力，不管多巨大，都無法使速度超越光速。取代連結力與速度變化的舊有力學定律，一個更複雜的定律誕生了。在這個新觀點眼中，古典力學是單純的，因為所有觀測結果，都發生在遠低於光速的狀況。

一個靜止物體有固定的質量，稱為**靜止質量**。從力學，我們知道每個物體都會抗拒運動狀態的變化。質量越大，抵抗越大；質量越小，抵抗越小。相對論告訴我們更深入的描述。物體的抵抗不只隨質量增加而增加，速度越大，抵抗也會增強。接近光速的物體，對外部作用力會產生非常強烈的抵抗。在古典物理，某個物體的抵抗大小由質量決定，不會有變化。在相對論，抵抗大小由質量和速度共同決定。當速度接近光速，抵抗就變成無限大。

藉由剛才引用的結果，我們可以用實驗測試相對論。一個速度接近光速的拋體，它對外部力的抵抗和理論預期一致嗎？因為相對論對這方面的描述是量化的，如果我們能實現接近光速的拋體，就能證明或否證這個理論。

確實，我們能在自然界找到具備這種速度條件的拋體。放射性物質的原子，像是鐳元素，它們的行為就像能放出高速拋體的電池。不深究細節，我們直接引用現代物理和化學的一項重要觀點。宇宙中所有元素都由少數幾種**基本粒子**（Elementary Particles）組成。這就像在一個城鎮，能看

到很多大小、構造、建築風格各自不同的建築物，但是從小屋到摩天大樓，都是由少數幾種磚頭建起來的，對所有建築來說都是如此。所以，我們的物質世界中，所有已知的元素——從最輕的氫原子，到最重的鈾原子——都是由相同的磚頭建成的，也就是相同的幾種基本原子。最重的元素，就像最複雜的建築，是不穩定的。它們會分裂，或是說帶有**放射性**（Radioative）。某些磚塊，也就是基本粒子，它們組成放射性原子。有時候，基本粒子會被以非常快的速度放射出去，甚至接近光速。一個元素的原子，以鐳原子為例，以現在的觀點看來具有非常複雜的結構，這點經過無數實驗確認。放射性分裂，是幾種能揭露原子組成的現象。原子的磚塊，也就是基本粒子，會在放射性分裂中現身。

透過非常精巧有趣的實驗，我們可以找出粒子如何抵抗外部作用力。實驗結果顯示，粒子對作用力的抗拒和速度有關，而且抗拒模式吻合相對論的預測。對作用力的抗拒和速度的關係，也在很多狀況被偵測到，而且和理論預期完全相符。我們再次看見創造性工作在科學的基本特徵：理論預期特定結果，再經由實驗確認。

這項結果暗示還有進一步的重要推廣。一個靜止物體具有質量，但沒有動能，也就是運動的能量。一個運動物體同時具有質量和動能，它比靜止物體更傾向於抗拒速度變化。這就像移動物體的動能，使它的抗拒能力增加了。如果兩個

物體具有相同的靜止質量，動能更大的物體，對外部作用力的抵抗會更強。

想像一個裝有很多球的盒子，在我們的座標系，球和盒子都是靜止的。要移動它們、增加速度，需要一些作用力。但是，當盒中的球，它們就像氣體分子，在各個方向以接近光速的平均速度移動時，同樣大小的力，使速度增加的幅度還是相同的嗎？現在需要更強的力才能做到這件事，因為球的動能上升，增強了盒子的抵抗。能量，或者說任何動能，抵抗運動的方式就和摸得到的質量是相同的。這適用於所有形式的能量嗎？

針對這個問題，相對論能從基本假設出發，推導出清楚而且有說服力的答案，而且同樣是量化的答案：所有能量都會抵抗運動狀態的變化；所有能量的行為表現就像是物質；同一塊鐵塊在燒紅的狀態，比冰冷的狀態更重；太陽放出的輻射能穿越空間，而且帶有能量，因此，也帶有質量；太陽，以及所有放出輻射的恆星，經由這個方式損失質量。這個普遍適用的結論，是相對論的重要成就，也和符合所有的測試結果。

古典物理導入兩種物質：實體物質，以及能量。前者具有重量，但後者是無重量的。古典物理有兩個守恆律：一個和物質有關，一個和能量有關。我們已經問過，在現代物理，我們是否要保留有兩種物質以及兩個守恆律的觀點。答案是：

不。根據相對論，能量和質量之間沒有根本性的差異。能量具有質量，質量就代表能量。與其說有兩種守恆律，我們認為只有一種守恆律，也就是質—能守恆。物理學的進一步發展，證明了這個新觀點非常成功，帶來許多成效。

能量具有質量，質量代表能量的這個事實，為什麼藏了這麼久才被人發現？比起冰冷的鐵塊，燒紅的鐵塊會更重嗎？這個問題的答案現在是：是。但是在第 1 章「熱是物質嗎？」一節中，答案是：不是。這兩種答案之間的頁數，顯然不足以說明這項矛盾。

我們現在遇見的困難和過去相同。相對論預期的質量變化小到無法測量，即使是最靈敏的儀器也無法直接測量質量的變化。能量並不是無重量的。這段敘述有很多決定性的證明，但都透過間接方式完成。

之所以沒有直接證據，是因為能量轉為質量的轉換率非常小。和質量相比，能量就像貶值的貨幣。舉個例子能讓圖像更清楚。足以把 3 萬噸的水變成蒸汽的熱，加起來也只有 1 公克左右而已！一直以來，能量被視為無重量的，原因只是它代表的質量實在太小了。

舊有的能量—物質是相對論的第二個犧牲者。首個犧牲者是一種介質，光能在其中傳遞。

相對論的影響，遠遠超越了讓它誕生的問題。它解決了場論的問題和矛盾，建構出更完善的力學定律，用一個守恆

律取代兩個守恆律，改變了我們有關絕對時間的古典觀念。
它的有效性不限於物理學的一個分支，而是形成了一個擁抱
所有自然律的普適架構。

時空連續體

「1789 年 7 月 14 日，法國大革命發生於巴黎。」這個敘述包含事件發生的空間與時間。第一次聽到這句話的人，如果不知道「巴黎」在哪裡，我們可以告訴他：那是一個地球上的城市，地理座標是東經 2 度，北緯 49 度。這兩個數字代表位置，「1789 年 7 月 14 日」，代表事件發生的時間。在物理學，精確描述事件發生的時間與地點非常重要，比歷史學的要求更加嚴謹。因為這些資訊是量化描述的基礎條件。

簡潔起見，我們考慮之前的模型，運動只沿著一條直線發生。我們的座標系是一根具有原點，但沒有終點的長棍。我們保留這項限制。在長棍上取不同的點，它們的位置可以只用一個數字表示，也就是點的座標。當我們說點座標是7.586 呎，表示該點距離長棍的原點 7.586 呎遠。相對地，如

果有人隨意給我一個數字和單位，我永遠可以在長棍上找到對應這個數字的點。我們可以說：長棍上的一個固定點，能對應任何一個數字；一個固定的數字，能對應任何一個點。數學家用以下的句子表達這個現象：長棍上所有的點，形成一個**一維連續體（One-Dimensional continuum）**。對長棍上所有的點，都存在一個距離該點任意近的點。我們可以把隨意短的線段作為最小單位，用這些線段連接棍上的兩個點。由此可知，連續體的特徵，就是能用任意小的線段為單位連接兩個點。

現在看另一個例子。我們有一個平面，或者，如果你喜歡更具體的例子，它也可是長方形桌子的表面。在這張桌子上，一個點的位置可以用兩個數字表示，和剛才只有一個數字不同。兩個數字表示該點和桌子的兩個垂直邊之間的距離，如圖 3-18。兩個一組的數字，能對應到平面上的每一個點，而不是一個；固定的一組數字，能對應到平面上的每一個點。換句話說：平面是一個**二維連續體（Two-Dimensional continuum）**。對於平面上的每一個點，都存在距離它任意

圖 3-18

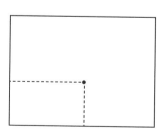

近的點。兩個分開的點可以用很多個線段連結，線段長度可以是隨意短。因此，連接兩個分開的點的線段可以無限小，每個線段能用兩個數字表示，這同樣是二維連續體的特性。

下一個例子。想像把你的房間當成自己的座標系。這代表你會參照堅硬的牆壁，描述房間中所有位置。如果有一盞燈保持靜止，它的位置可以用三個數字表示：兩個數字決定燈和兩面垂直牆壁的距離，第三個數字決定燈和天花板或地板之間的距離，如圖 3-19。三個固定數字對應到空間中的每一個點；空間中的一個固定點，對應到任意三個數字。這個現象可以用下面的句子描述：我們的空間是一個**三維連續體**（Three-Dimensional continuum）。空間中的每一個點，附近都有其他點，非常接近原先的點。同樣地，連結分開的線段長度可以是隨意短，每個線段可以用三個數字表示，這是三維連續體的特性。

不過，剛才這些不太算是物理。回到物理學，我們必須

圖 3-19

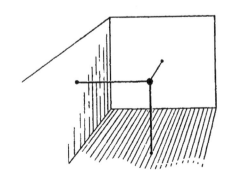

考慮物質粒子的運動。要觀察和預測自然界的事件，我們的考慮的不只是位置，物理事件的時間也必須納入。我們還是老樣子，用一個非常簡單的例子說明。

有一顆小石子從塔上掉下來，這顆石子小到能被視為一個粒子。想像一個 256 呎高的塔。從伽利略時代以後，我們就能預測石頭在掉落後任意時間點的座標。下方是一個「時刻表」，描述石頭掉落後 0、1、2、3、4 秒的位置。

時間（秒）	與地面的距離（呎）
0	256
1	240
2	192
3	112
4	0

我們的時刻表記錄到 5 個事件，每個事件都由兩個數字表示，包含事件的時間，以及空間座標。第一個事件是零秒時，石頭從離地 256 呎的高處開始掉落。第二個事件是石頭的高度，對應到剛性長棍（高塔）上離地 240 呎處的標記。這個事件發生在第一秒。最後一個事件是石頭接觸到了地球。

我們能用不同方式表示「時刻表」的資訊。我們可以把「時刻表」的 5 組數字，表示為 5 個表面（Surface）上的點。讓我們先設定度量衡，用一個線段對應到 1 呎，另一個線段

對應到 1 秒。例如：

圖 3-20　　　　　├──────┤ 100 呎　　　　　　├──────┤ 1 秒

　　我們再畫兩條垂直線，把水平直線稱為時間軸，垂直線則稱為空間軸。很快地，我們發現「時刻表」可以表示為我們的時—空平面上的 5 個點（圖 3-21）。

　　每個點與空間軸的距離，代表它的時間座標，也就是「時刻表」第一欄記錄的內容；點與時間軸的距離，則是它的空間座標。

圖 3-21

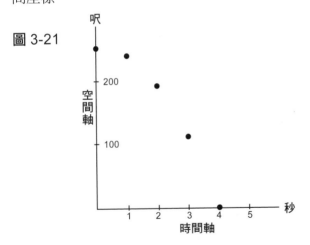

　　完全相同的事情，可以用兩種方式表示：透過「時刻表」，或是透過平面上的點。兩者只要有其一，就能藉此建構出另一者。事實上，兩種表示法是等價的，要在兩者之間做選擇，只和品味有關。

我們進一步推演。想像一個更完善的「時刻表」，不是每秒記錄一次位置，而是每百分之一，甚至千分之一秒記錄一次位置（圖 3-22）。這樣一來，我們的時—空平面上，就會產生非常多的點。最後，如果每個瞬間都記錄一次位置，以數學家的語言把空間座標視為時間的函數，我們的點形成的集合，就會變成一條連續的線。因此，我們的圖 3-22 就不只是運動的片段資訊，而是描述了完整的運動。

圖 3-22

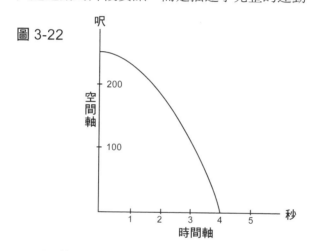

沿著剛性長棍（高塔）的運動，是一維空間的運動，在二維的時空連續體可以表示為一條曲線。在我們的時空連續體，每一個點都對應一組數字，其中一個標記時間，另一個則標記空間，也就是座標。相反的：我們的時空連續體中的一個固定點能對應到每一組標記事件的數字。兩個相鄰的點代表兩個事件，分別發生非常接近的地點，和非常接近的瞬

間。

　　針對我們的表示法，你可以提出反對的論述：用一個線段表示單位時間，再把兩個一維連續體拼裝成二維連續體，使時間與空間機械性地結合，這其實不太合理。但是，如果這麼說，你也必須同樣強烈地反對所有的圖表標示法。舉例來說，你不會同意紐約去年夏天的氣溫變化圖，或是過去數年的生活開銷趨勢圖，因為這些圖全部是用一樣的方法畫出來的。在氣溫變化圖，一維溫度連續體和一維時間連續體，組成了二維的溫度─時間連續體。

　　讓我們回到從 256 呎高空落下的粒子。那張表示運動的圖表，是一套很有用的記錄方式，因為它能標示粒子在任意瞬間的位置。了解粒子的運動後，我們應該再次將它的運動圖像化，我們有兩種做法。

　　還記得在一維空間中，粒子不斷改變位置的圖像。我們把運動視為一維空間連續體之中的一連串事件。我們不把時間和空間混在一起，使用了**動態**的圖像，讓位置**隨時間改變**。

　　但是，我們能用另一種圖像看待運動，建構一種**靜態**的圖像。考慮二維時空連續體中的一條曲線。現在，運動被視為存在於二維時空連續體，而不是一維空間連續體之中的變動事件。

　　兩種圖像是完全等價的，要使用哪一種圖像，只和個人的品味和習慣有關。

　　此處並沒有討論兩種運動圖像和相對論之間的關係。雖然古典物理偏好使用動態圖像，把運動描述為發生在空間中的事件，而非時空中的存在，但兩種表示法並沒有優劣之分。然而，相對論改變了這個觀點。相對論明顯地偏好靜態圖像，它發現把運動視為時空中的存在更加方便，也更客觀地貼近真實圖像。我們還是需要回答一個問題：為什麼這兩個圖像在古典物理的眼中是等價的，在相對論眼中卻不是這麼一回事？

　　如果再次把兩個相對彼此等速運動的座標系納入考量，就能理解相對論的觀點了。

　　古典物理告訴我們，兩個相對彼此等速運動的座標系之中的觀測者，他們對某事件發生的空間座標會有不同看法，但是在時間座標能達成共識。回到我們的例子，在粒子和地球接觸的瞬間，在我們選定的座標系，時間座標是「4」，空間座標是「0」。根據古典力學，對於另一個相對於我們的座標系正在等速運動的觀測者，石子觸地的時間依然是落下的4秒後。但是，這位觀測者會參照他的座標系，在大部分狀況下，將碰撞事件連結到不同的空間座標，雖然就像所有相對彼此等速運動的觀測者，這個觀測者給出時間座標也是相同的。古典物理只知道一種「絕對的」時間流動，對所有觀測者來說都是相同的。每個二維連續體的座標系，都能再分成兩個一維連續體：時間和空間。因為時間的「絕對

性」，運動圖像從「靜態」到「動態」之間的轉換，在古典物理具有客觀的意義。

但是我們已經說服自己，古典變換不能普遍適用於物理學。從實用性出發，古典變換在低速時還是很好用，但它不能解決根本的物理問題。

根據相對論，對所有觀測者來說，石子和地球碰撞的時間是不同的。在兩個不同座標系，事件的時間座標和空間座標會有差異，如果速度接近光速，時間座標的差異將會非常顯著。二維連續體將無法採用古典物理的做法，分割成兩個一維連續體。決定另一個座標系的時—空座標時，我們必然不能把時間和空間分開來考慮。在相對論眼中，把二維連續體分割成兩個一維連續體是沒有根據的做法，缺乏客觀的意義。

進一步把剛才的討論從直線運動推廣到一般情形並不困難。確實，要描述自然界的事件，必須用到 4 個數字，不只兩個。我們經由物體感知到物理空間，物體的運動有 3 個維度，位置需要 3 個數字標記。第 4 個數字是事件發生的瞬間。4 個固定的數字能對應每一個事件；一個固定的事件能由任意 4 個數字對應。綜合以上：事件的世界形成一個**四維連續體**。這件事並不神祕，而且對古典物理和相對論來說，最後一段話都是正確的。再一次，當我們考慮兩個相對彼此正在運動的座標系，古典物理和相對論的差異就會浮現。房間正

在移動，內部觀測者和外部觀測者，要分別決定同一個事件的時空座標。古典物理再次把四維連續體分割成三維空間連續體和一維時間連續體。古典物理學家只關注空間變換，因為對他們來說，時間是絕對的。他們認為把四維的世界連續體分割成時間和空間是自然的，處理起來也更方便。但是從相對論的觀點看來，從一個座標系移動到另一個座標系，時間和空間也會隨之變動，屬於我們的四維事件世界的四維時空之中發生的變換，勞倫茲變換負責考慮它們的性質。

事件世界可以動態地描述，只要把隨時間變化的圖像帶入三維空間的背景。但是，它可以用靜態的圖像描述，以四維時空連續體作為背景。從古典物理的觀點出發，動態和靜態的圖像是等價的。但在相對論眼中，靜態圖像更加方便，也更為客觀。

即使是相對論，如果我們偏好動態圖像，它還是能使用。但我們必須記住，把時間和空間分開沒有客觀意義，因為它們不再是「絕對的」。我們往後的討論會使用「動態」而非「靜態」的圖像，這麼做的同時，也須留意它的限制。

廣義相對論

　　還有一個必須釐清的疑點。有一個尚未解決的根本性問題：慣性系統存在嗎？我們對自然定律有了一定的理解，它們在勞倫茲變換下是不變的，而且在所有相對彼此等速運動的慣性系統都是有效的。我們知道這些定律，卻不知道它們參考的是哪一個框架。

　　為了深入理解這個困難，我們來訪談現代物理學家，用一些簡單問題請教他：

　　「什麼是慣性系統？」

　　「慣性系統是一個力學定律有效的座標系。在這個座標系，沒有外部力作用的物體，會維持原本的運動狀態。這個性質使我們得以分辨出慣性系統。」

　　「但是，當我們說沒有力作用在物體上，它代表什麼意思？」

「它代表物體在一個慣性座標系維持原本的運動狀態，就這麼簡單。」

對話到這裡，我們能回到一開始的問題：「什麼是慣性系統？」不過，因為得到其他答案的希望渺茫，我們調整一下問題，希望得到一些實際資訊：

「剛性地和地球連結的座標系是慣性系統嗎？」

「不是，因為力學定律在地球上不是嚴謹地有效，這是地球自轉造成的。在許多問題的情境中，剛性地固定在太陽上的座標系可以視為慣性座標系；但當我們談到太陽的自轉，我們再次體認到，不能把連結到太陽的座標系視為嚴格的慣性系統。」

「那麼，你的慣性座標系具體來說究竟是什麼？如何選擇這個座標系的運動狀態？」

「那只是一個好用的虛構產物，我不知道如何實現一個慣性座標系。如果我能遠離所有的物質物體，擺脫所有外在干擾，我的座標系就會是慣性的。」

「你說到不受任何外在干擾的座標系，這又是什麼意思？」

「我的意思是，這個座標系是慣性的。」

我們又回到開頭的問題了！

我們的訪談揭露了古典物理的艱鉅挑戰。我們知道定律，但是沒有一個框架能讓我們參考，整個物理學的框架就

像建築在沙灘上的城堡。

　　我們可以從不同觀點出發來看這個難題。試想整個宇宙只有一個物體，它構成了我們的座標系。這個物體開始旋轉。根據古典力學，旋轉物體上的物理定律不同於非旋轉的物體。如果慣性定律在其中一個狀況有效，它在另一個狀況就是無效的。但是，剛才的討論聽起來非常可疑。在整個宇宙，只考慮單一物體的運動是允許的嗎？當我們說物體正在運動，意思是和第二個物體比較，物體的位置發生變化。因此，討論單一物體的運動違反了常識。在這點上，古典物理和常識產生嚴重的衝突。牛頓的處方籤是：如果慣性原理有效，座標系不是靜止，就是正在等速運動。如果慣性定律失效，物體就正在進行非等速運動。如此一來，我們會依據所有物理定律在某個座標系是否全部有效，作為運動或靜止的判準。

　　以兩個物體，太陽和地球來舉例。我們觀察到的運動是**相對**的。把座標系固定在地球或太陽，都能描述運動。從這個觀點出發，哥白尼的偉大成就正是把座標系從地球變換到太陽。但由於運動是相對的，使用任何參考系都是正確的，似乎沒有理由偏好某個特定座標系。

　　物理再次介入，改變了我們的常識觀點。固定在太陽上的座標系，比固定在地球的座標系更接近慣性系統。物理定律應該適用於哥白尼的座標系，而不是托勒密的。只有從物

理學的觀點，才能欣賞哥白尼的發現的偉大之處。哥白尼示範了描述行星運動時，選用剛性地固定在太陽的座標系將帶來巨大的優勢。

古典物理不存在絕對的等速運動。如果有兩個相對彼此等速運動的座標系，沒有理由說：「這個座標系是靜止的，那個座標系正在移動。」但是，如果兩個座標系相對彼此以非等速的方式運動，就有很充分的理由說：「這個物體正在移動，另一個是靜止的（或是等速運動）。」此處的絕對運動有非常明確的意義。針對這一點，古典物理和常識之間存在巨大的鴻溝。剛才提到的兩個困難，包含慣性系統和絕對運動，彼此緊密地相連。只有仰賴慣性系統的概念，絕對運動才可能存在，自然定律在慣性系統是有效的。

這些困難可能看起來無法可解，任何物理理論似乎都無法倖免。造成困難的根本原因，是因為自然定律只在一類特殊的座標系有效，也就是慣性座標系。解決的機會在於是否能回答接下來的問題：我們能不能建構出在所有座標系都有效的物理定律，使它們不只適用於等速運動的座標系，而是在相對彼此以任何方式運動的座標系也能適用？如果能做到這件事，困境就迎刃而解。屆時我們可以在任何座標系使用自然定律。在托勒密觀點與哥白尼觀點之間，科學發展早年經歷過代價沉重的爭論，在問題解決後，看起來也就失去意義了。參考任何一個座標系會變得同樣合理。「太陽是靜止

的，地球正在移動。」「地球是靜止的，太陽正在移動。」這兩段話，將只代表從兩個座標系出發的不同做法。

我們能建構在所有座標系都有效，真正的相對性物理學嗎？絕對運動在這個物理學沒有容身之地，只存在相對運動。這確實有可能做到！

雖然不太明確，我們手上至少有一個建構新物理學的提示。真正的相對性物理必須適用於所有座標系，它們因此也適用於慣性座標系的特例。我們知道慣性座標系中的所有定律。更加普適的新定律在所有座標系有效，在慣性系統的特例，它們必須能變回為已知的舊定律。

架構適用於所有座標系的物理定律，這個問題由**廣義相對論**（General relativity theory）解決；先前的理論只適用於慣性座標系，我們稱為**特殊相對論**（Special relativity theory）。兩個理論自然不能互相矛盾，因為用廣義相對論處理慣性座標系時，必須涵蓋特殊相對論的舊定律。先前，物理定律的建構只能在慣性座標系完成，現在，它只是有限的特例。因為所有座標系，包含相對彼此，以任意方式運動的那些，現在都可以使用了。

這是廣義相對論的任務。但要描繪廣義相對論完成的軌跡，我們必須比以往更抽象。科學發展進程的困難，迫使我們的理論越來越抽象。前方等著我們的依然是一段意外的旅程。但我們的終極目標從來沒變過，要用更好的方式理解現

實世界。連結理論和觀察的邏輯鍊上，人們不斷加上新的環節。從理論到實驗的這條路上，為了清除非必要和人為的假設，為了擁抱更加寬廣的已知世界，我們必須把這條鍊越變越長。當假設變得更簡潔和基本，我們的數學推導工具會更繁複，從理論和觀測的距離會更遠、更微妙，也更複雜。雖然聽起來很矛盾，我們可以這麼說：現代物理比舊物理更簡單，所以它看起來更困難、更繁複。我們看外在世界的圖像越單純，涵蓋更多的已知，這個圖像越能在我們的心靈中，映照出宇宙的和諧。6

我們的新想法很簡單：建構適用於所有座標系的物理。這個任務不僅涉及所有先前的困難，也迫使我們採用物理學從未使用過的數學工具。在這裡，我們只會說明任務的完成和兩個主要問題之間的關連：重力和幾何學。

---

6 譯註：克卜勒著有《世界的和諧》（*The harmony of the world*）一書，作者借用了這個典故。

電梯內，電梯外

　　慣性定律是物理學的第一個重大進展，事實上它正是物理學的開端。慣性定律是思索理想實驗的產物，我們考慮一個物體，讓它在永遠沒有摩擦效應和外部作用力的條件下運動。從這個例子，和往後許多案例，我們認知到由思考創造的理想實驗的重要性。接下來，我們的討論依然會借重理想實驗。雖然聽起來很像幻想，但無論如何，理想實驗能幫我們用簡單的方法盡可能理解相對論。

　　我們先前用等速運動的空房間進行理想實驗。現在，微調一下，我們改用一部下墜的電梯。

　　想像一部非常壯觀的電梯，位在比現實世界任何一棟摩天大樓都要高的大樓頂部。突然，電梯的鋼纜斷開，整部電梯開始朝地面自由落體。電梯內的觀測者在掉落期間進行實驗。描述這個系統時，我們不考慮空氣阻力或摩擦力，因為

在理想條件下，我們可以忽略它們的存在。有位觀測者從口袋掏出一張手帕和一隻手錶，隨即放開手。這兩個物體會發生什麼事？有個外部觀測者從電梯的玻璃牆看到這一切，對他來說，手帕和錶朝地面墜落的方式完全相同，加速度也相同。我們記得，墜落物體的加速度和質量不太有關係，這個現象同時也揭露重力質量和慣性質量的等效性。另外，在古典物理眼中，重力質量和慣性質量的等效性是意外的產物，對整體的架構沒有影響。然而，現在卻不是如此。從墜落物體擁有相同加速度而揭露的質量等效性，在我們的論述中，它是不可或缺的一塊奠基石。

我們回到墜落的手帕和錶。對外部觀測者來說，兩者以相同的加速度下墜。不過，電梯、電梯牆、天花板和地板的加速度也是相同的。因此：兩物和地板的距離並不會改變。對內部觀測者來說，兩物依舊停留在放手當下的位置，一點變化都沒有。內部觀測者可能會忽略重力場，因為場的源頭在他的座標系之外。他發現，電梯內沒有作用在兩物上面的力，因此兩物保持靜止，就像在慣性座標系那樣。奇怪的事情在電梯內發生了！如果觀測者朝任何方向推動物體，像是朝上或朝下，只要沒有撞到電梯的地板或天花板，物體永遠會以等速運動。簡單來說，古典力學定律對電梯內的觀測者是有效的。所有物體的行為和慣性定律的預期一致。我們的新座標系和自由落體的電梯剛性地連結，它和慣性座標系只

有一個差異。在慣性座標系，沒有受到作用力的移動物體，會永遠以等速運動。古典物理呈現的慣性座標系，沒有被時間或空間限制。我們那位電梯中的觀測者卻不同。他的座標系呈現的慣性性質，有時間和空間的限制。等速移動的物體很快會撞到電梯的天花板或地板，破壞等速運動的狀態。不久之後，整部電梯會撞上地球，破壞觀測者和他們的實驗。這個座標系只是真實慣性座標系的「口袋版本」。

座標系的局域特性有著根本的重要性。如果我們的想像電梯可以從北極搭到赤道，然後把手帕放在北極，錶放在赤道。如此一來，對外部觀測者來說，兩物將不會有相同的加速度，它們不會相對彼此保持靜止。我們的整個論述會因此失效！電梯的尺度必須有所限制，才能假設所有物體相對於外部觀測者的加速度是相同的。

加上這層限制後，在內部觀測者眼中，座標系得到了慣性的特徵。我們至少能指出一個適用所有物理定律的座標系，即便這個座標系在時間和空間上是有限的。如果我們想像在另一個座標系有一台電梯，相對於自由落體的座標系，這台電梯以等速運動。那麼，兩個座標系都是局域慣性的。在這兩個座標系，所有定律是相同的。兩個座標系之間的變換，經由勞倫茲變換完成。

讓我們看看，內部和外部的兩位觀測者，如何描述電梯中發生的事件。

外面的觀測者注意到電梯的運動，也看見電梯內物體的運動。他發現這些運動符合牛頓的重力定律。對他來說，因為地球重力場的作用，他看到加速度運動，而不是等速運動。

然而，對於世代生於電梯、長於電梯的物理學家家族來說，他們的推理過程是不同的。他們會相信自己身處一個慣性系統，而且會以電梯作為所有自然定律的參照物，再提出附帶證據的論述，說明在他們的座標系，自然定律的形式特別簡單。自然地，他們會假設電梯是靜止的，而且他們的座標系是慣性的。

沒有任何辦法能調和內外兩位觀測者的落差。任何一位觀測者都能用自己的座標系作為事件的參照物。事件的描述有兩種版本，而且它們是一致的。

從這個例子，我們看見同一個物理現象，在兩個不同的座標系可能有一致的描述，即便座標系相對彼此不是等速運動。但是，這個例子的描述必須考慮重力，可以說藉此建構一道「橋梁」，作用是從一個座標系變換到另一個**座標系**，

對外部觀測者來說，重力場是存在的；但內部觀測者，則認為重力場不存在。對外部觀測者來說，電梯在重力場中進行加速運動；內部觀測者則認為電梯是靜止的，重力場不存在。但是「橋梁」，也就是重力場，使得在兩個座標系是一致的描述變為可能。「橋梁」的存在建立在一個重要基礎上：重力質量與慣性質量的等效性。如果沒有這條被古典物

圖 3-23

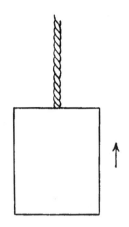

理忽略的線索，此處的論述就會完全失去依據。

現在，我們來看另一個理想實驗。假設有一個慣性座標系，慣性定律在這個座標系是有效的。我們描述過靜止在慣性座標系中的電梯的行為。但是，我們現在要調整一下圖像。某個外部的人以固定的力，拉緊電梯頂部的繩子，施力的方向如圖 3-23 所示。外部的人用哪種辦法施力並不重要。由於力學定律在這個座標系是有效的，電梯開始以朝著運動方向以等加速度運動。我們還是來聽聽內部和外部的觀測者對電梯內發生的現象有什麼解釋。

外部觀測者：我的座標系是慣性的。由於固定的力正在作用，電梯以等加速度運動。內部的觀測者正在進行絕對運動，因為他們的力學定律是無效的。他們沒有發現沒有受到作用力的物體，正在保持靜止。如果允許物體自由運動，它

會很快撞上電梯地板，因為地板正朝著物體向上運動。手帕和錶發生了一模一樣的現象。在我看來有件很奇怪的事，電梯內的觀測者必須一直待在「地板」上，因為當他們跳起來的時候，地板會再次追上他們。

內部觀測者：我沒有任何理由相信我的電梯正在進行絕對運動。我的座標系和電梯剛性連結，我同意它不是慣性的。但是，我不相信它和絕對運動扯得上關係。我的錶、手帕和電梯內的其他物體之所以會墜落，是因為電梯在一個重力場裡頭。我看到的運動和地球上的人看到的運動是一樣的。地球上的人以重力場的作用解釋物體的墜落。這個理由同樣適用於我的狀況。

一個是外部的描述，另一個是內部的描述，兩位觀測者的描述是吻合的，沒有辦法決定對誰錯。我們可以用任何一種現象的描述當作假設：可以是外部觀測者看到的非等速運動，而且沒有重力場；可以是內部觀測者看到的靜止狀態，而且重力場存在。

外部觀測者可能會假設電梯正處於「絕對的」非等速運動。但是，被重力場作用的假設排除的運動，不能視為絕對運動。

有個方式也許可以消除兩種不同描述的模稜兩可之處，在兩種描述中選出其中一種。想像一道光線從側面的玻璃水平地進入電梯，只用了很短的時間就抵達另一側的牆壁。我

們看看兩位觀測者如何預期光線的路徑。

　　外部觀測者相信電梯正在進行加速度運動，他會說：光線透過玻璃後水平地移動，以固定速度朝對面的牆壁前進。但是電梯正在向上移動，在光線朝牆壁前進時，電梯的位置改變了。因此，光線碰到牆壁的點會稍微低一點，不會在它進入電梯的點的正對面。這個差異會非常小，但無論如何，它還是存在的。而且相對於電梯，光線並不是沿著直線運動，它的路徑是一條微彎的線段。電梯在光線穿越內部時向上移動了一些距離，因此才有這個差異。

圖 3-24

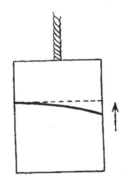

　　內部觀測者相信重力場作用於所有電梯中墜落的物體，他會說：電梯沒有進行加速度運動，只有一個重力場正在作用。光線是沒有重量的，因此不受重力場影響。如果它以水平方式進入電梯，就會分毫不差地抵達對面牆壁上對應的點。

看起來，藉由這個討論，有可能找出在兩種相反觀點之間做決定的因素，因為兩個觀測者的對現象的看法是不同的。如果兩個解釋之中沒有任何一個存在不合邏輯之處，就會完全摧毀我們先前所有的討論。我們將無法用兩種一致的方式描述所有現象，不論重力場存不存在。

幸運的是，內部觀測者的推論有一個嚴重的瑕疵，拯救了我們先前取得的所有結論。他說：「一道光線是沒有重量的，因此不受重力場影響。」這是錯的！光線帶有能量，而且能量具有質量。因為重力質量和慣性質量是等效的，所有慣性質量都會受重力影響。光線在重力場中會扭曲，它的行為和一個以光速水平進入重力場的物體是完全一致的。如果內部觀測者做出正確的推論，把重力場中扭曲的光線納入考量，他的結果會和外部觀測者看到的完全相同。

當然，地球的重力場並不夠強，無法使光線扭曲到能以實驗直接捕捉這個現象。但是，在日蝕期間進行的著名實驗，雖然是透過間接的方式，決定性地證明了重力場對光線路徑的影響。

這些實驗的結果顯示，我們有很好的基礎對建構相對性的物理學保持樂觀。但要做到這一點，我們必須先處理重力的問題。

在電梯的例子，我們看到兩種描述是一致的。我們可以假設非等速運動，也可以不做這個假設。在我們的數個例子

中，利用重力場可以排除「絕對」運動的假設。這樣一來，非等速運動就完全沒有任何絕對的性質了。重力場足以完全排除絕對運動。

　　從此以後，絕對運動和慣性座標系的鬼魂可以從物理學排除，並建構新的相對性物理學。我們的理想實驗顯示廣義相對論的問題與重力之間緊密的關係，也說明重力質量與慣性質量的等效性，對兩者的連繫具有根本的重要性。廣義相對中解決重力問題的方式，明顯和牛頓力學不同。和所有自然定律相同，重力定律必須對所有的座標系來說都是有效的。牛頓建構的古典力學，只在慣性座標系有效。

幾何與實驗

　　我們的下個例子比墜落的電梯還要奇幻。我們要處理新的問題，也就是廣義相對論和幾何之間的聯繫。讓我們從一個只有兩個維度的世界的描述開始，我們的世界的住民是三維的，這個世界不同。電影院讓我們習慣二維生物在二維螢幕上的活動。現在，想像這些投影生物，螢幕中的演員，事實上是存在的。它們具有思維能力，可以發明自己的科學。對它們來說，二維的螢幕是一個幾何空間。這些生物無法實際想像三維空間，就像我們無法想像四維世界。它們可以讓一條直線偏轉，也知道什麼是圓形，但無法建構球形，因為這代表必須放棄二維螢幕。我們的處境是類似的。我們可以扭曲彎曲的直線和表面，但是很難看出扭曲和彎折的三維空間。

　　我們的投影生物在生活、思索以及實驗之中，精通了二

維的歐氏幾何。因此,它們有能力證明三角形的內角和是 180 度,這是其中一個例子。它們可以建構兩個共心的圓形,一個非常小,一個比較大。他們會發現剛才的兩個圓,它們周長的比例和半徑的比例相等,這是歐氏幾何的典型結果。如果螢幕是無限大,投影生物們會發現,如果它們踏上一場不斷直線向前的旅程,它們永遠無法返回起點。

讓我們想像,這些二維生物生活在不同的環境中。想像在世界之外的某個人,從「第三維度」,把螢幕變成一個半徑非常大的球面。如果這些生物相對整個表面足夠小,而且沒有遠距通信的手段,也無法長距離移動,它們將不會察覺任何變化。小三角形的內角和依然是 180 度。兩個共心的小圓,半徑和周長的比例依舊相同。沿著直線的旅程,依然無法帶著投影生物回到出發點。

但是,隨著時間流逝,讓這些生物發展出理論和技術的知識。他們發現通信的手段,有能力快速在遙遠的距離之間通信。它們隨即發現,朝一個方向直線前進最終可以回到出發點。「直線前進」代表沿著球面表面巨大的圓前進。它們也發現,兩個共心的圓,如果一個很小,另一個很大,它們的比例不等於直徑的比例。

如果我們的二維生物很保守,如果它們在過去無法長距離旅行的世代都相信歐氏幾何,也發現歐氏幾何符合觀測到的現象,不論新的測量帶來多少證據,它們肯定會用盡所有

努力維護歐氏幾何。它們會試著讓物理學承擔這些差異，尋找一些物理因素解釋。比方說溫度差異使直線變形，讓歐氏幾何產生偏差。然而，或快或慢，它們一定會發現更邏輯、更有說服力的方式來描述這些現象。它們終將發現世界是有限的，適用的幾何原理與他們所知的不同。雖然無法想像，但它們會理解世界是一個球的二維表面。它們很快發現新幾何原理，雖然與歐氏幾何不同，在這個二維世界，新幾何也能用同樣邏輯與連貫的方式組織而成。對於接受球面幾何教育的新世代來說，舊的歐氏幾何過於複雜，也太人為，不符合觀測到的現象。

讓我們回到我們世界中的三維生物。

我們的三維空間具有歐氏幾何的性質，這段敘述是什麼意思？這表示所有以歐氏幾何邏輯證明過的敘述，也能經由實驗確認。利用剛體或光束，我們可以建構理想地對應歐氏幾何的物體。尺的一條邊或是光束對應直線；以細的剛性長棍架構的三角形內角和為 180 度；用不可彎曲的細線架構的兩個共心圓，它們的半徑比例等於周長比。用這個方式詮釋，歐氏幾何變成物理學的一個章節，雖然是相對簡易的一章。

但是，可以想像我們已經發現一些歐氏幾何和現實的差異：舉例來說，由一般被視為剛性的長棍構成的大三角形，其內角和並不是 180 度。由於我們已經習慣利用剛體將歐氏幾何物體具象化，針對長棍意料之外的異常行為，我們大概

會試著找一些物理作用力當作成因。我們可能會探尋這個作用力的物理性質,以及它對其它現象的影像。為了拯救歐氏幾何,我們會責怪物體不是完美的剛性,不能精確對應到歐氏幾何的物體。我們應該試著找出行為更符合歐氏幾何預期的物體。然而,如果我們沒能把歐氏幾何和物理,統合成一個簡潔且連貫的圖像,就得放棄我們的空間是歐氏幾何空間的想法。針對空間的幾何性質,我們必須做出更加一般性的假設,藉此建構更具說服力的現實圖像。

這個選擇的必要性,可以透過一個理想實驗說明。真正貼近的現實的物理,不能建構在歐氏幾何之上。我們的論述將會隱涵先前在慣性座標系和特殊相對論取得的結果。

想像一個巨大的圓盤,上面有兩個共心圓,一個非常小,一個非常大。圓盤快速旋轉,如下頁圖 3-25。相對於外在觀測者,圓盤正在旋轉,同時,還有個內部觀測者站在圓盤上。我們進一步假設外部觀測者的座標系是慣性座標系。在自己的座標系,外部觀測者可以畫出同樣的兩個大小圓,兩圓靜止於他的座標系,而且和旋轉磁片上的圓重合。外部觀測者的座標系是慣性的,因此歐氏幾何有效,觀測者會發現圓周長的比例等於半徑比例。圓盤上的觀測者又如何呢?古典物理和特殊相對論並不容許他的座標系。但是,如果我們想要找出物理定律的新形式,適用於所有座標系,我們就得用同等嚴肅的態度對待兩位觀測者。站在外部的觀點,我們看著

圖 3-25

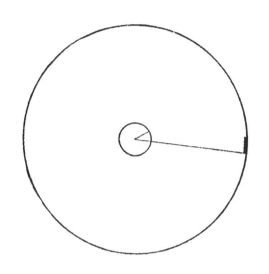

內部觀測者，試圖測量旋轉圓盤上兩圓的周長比與半徑比。他的工具是一根短測量棒，和外部觀測者使用的工具相同。「相同」的意思可以是工具其實是同一件，由外部觀測者親手交給內部觀測者；或是兩根靜止於某座標系時長度相同的測量棒。

　　圓盤上的內部觀測者開始測量小圓的半徑和周長。他的結果必然和外部觀測者相同。圓盤的轉軸穿過圓心，轉軸周圍的速度非常小。如果小圓夠小，我們可以放心使用古典力學，忽略特殊相對論。這代表內外兩個觀測者的測量棍等長，而且兩人的測量結果將是吻合的。現在，圓盤上的觀測者開始測量大圓的半徑。測量棍放在半徑的線上，在外部觀察者眼中正在運動。不過，由於運動方向和測量棍子本身垂直，

它的長度不會縮短,在兩位觀測者眼中的長度是相同的。這樣一來,有三項測量結果對兩位觀測者來說是相同的:兩圓的半徑,以及小圓的周長。但第四項測量出現不同結果!大圓的周長對兩位觀測者來說是不同的。測量棍如果放在圓周上,測量棍的長邊就和運動方向重合了。在外部觀測者眼中,和手上靜止的測量棍相比,圓周上的測量棍長度看起來變短了。大圓圓周上的速度遠大於裡面的小圓,長度縮減的效應必須加入考量。因此,如果我們使用特殊相對論的結果得到的結論是:兩位觀測者測得的大圓周長必定不同。兩位觀測者進行的四項測量只有一項不同,所以內部觀測者測得的兩圓的半徑比不會等於周長比,和外部觀測者的結果不同。這表示,圓盤上的觀測者無法確認歐氏幾何在他的座標系是有效的。

有了這項結果,圓盤上的觀測者會說,他不希望考慮歐氏幾何失效的座標系。因為絕對的旋轉,而且他的座標系是壞的、不被允許的座標系,是這些因素使歐氏幾何失效。如此爭論的同時,圓盤上的觀測者等同於將廣義相對論的主要原則拒於門外。另一方面,如果我們不接受絕對運動,並認同廣義相對論的原則,就必須把物理學建築在比歐氏幾何更一般性的幾何學之上。若想允許使用任何座標系,這個結果就是不可避免的。

廣義相對論帶來的變化不能只限於空間。在特殊相對

論，每個座標系都有許多靜止時鐘，座標系中的時鐘經過同步、節奏相同，同時顯示相同的時間。在非慣性座標系，時鐘會發生什麼事？我們能再度利用旋轉圓盤的理想實驗。在自己的慣性座標系，外部觀測者有許多完美的同步時鐘，彼此節奏相同。內部觀測者拿了兩個相同的時鐘，一個放在小的內圓，一個放在大的外圓。相對外部觀測者，內圓的時鐘速度非常小。因此，我們可以放心認為內圓時鐘和外部時鐘的節奏相同。但是，大圓的時鐘有著不可忽視的速度，和外部時鐘與小圓時鐘相比，大圓時鐘的節奏發生變化。因此，兩個正在繞圓的時鐘節奏不同。套用特殊相對論的結果，我們再度發現在旋轉座標系，不能使用和慣性座標系相似的做法。

為了從剛才提過的兩項理想實驗得出更明確的結論，我們再一次引用相信古典物理的老物理學家 O，以及了解廣義相對論的現代物理學家 M 之間的對話。O 是外部觀測者，身處慣性座標系；M 則站在旋轉圓盤上。

O：你的座標系不適用歐氏幾何。我看過你的測量結果，我同意在你的座標系，兩圓周長的比例不等於兩圓半徑的比例。但是，這個結果代表你的座標系是不被允許的座標系。相對的，我的座標系是慣性的，可以安全地使用歐氏幾何。你的圓盤正在進行絕對運動，而且以古典物理的觀點，它形

成一個不被允許的座標系，力學定律在其中是失效的。

M：我不想聽到任何和絕對運動有關的東西。我的座標系是好的，和你的一樣。我看到的是你正在相對於我的盤子旋轉。沒有人能禁止我用這塊圓盤作為運動的參照物。

O：但是，你難道沒有感覺到一股奇怪的力，想讓你遠離圓盤的中心嗎？如果你的圓盤不是快速旋轉的旋轉木馬，你觀察到的兩件事肯定不會發生。你不會注意到把你向外推的力，也不會發現歐氏幾何在你的座標系不適用。難道這些事實，還是無法令你相信你的座標系正處於絕對運動？

M：完全不會！我的確注意到你提到的兩個現象，但是，我認為它們的成因是某種奇怪的重力場，正作用在我的圓盤上。重力場的方向指向圓盤外，使我的剛性長棍變形，我的時鐘也因此改變節奏。對我來說，重力場、非歐幾何，以及時鐘節奏的改變，三者是相連的現象。要允許任何座標系，我必須同時假設存在一個適合的重力場，它對剛性長棍及時鐘會有所影響。

O：但是，你有注意到你的廣義相對論造成什麼困難嗎？我要舉一個非物理的簡單例子，讓我的論點更清楚。想像一個理想的美國城鎮，它有多條相互平行的道路，還有數條與道路垂直的平行大道。兩條街道之間的距離永遠相同，大道之間的距離也是。滿足這些假設，會使得每個街區的大小正好相同。如此一來，我能輕易標定任何一個街區的位置。若

沒有歐氏幾何，這種設計是不可能的。因此，舉例來說，我們不能用一個理想美式城鎮覆蓋整個地球。任何看過地球儀的人都知道這一點。但是，我們同樣無法用「美式城鎮」的設計圖覆蓋你的圓盤。你宣稱你的長棍被重力場扭曲。歐幾里得有關半徑和周長的定理，無法在你那裡得到確認，這個事實明確指出，如果你把美式城鎮的設計拓展得夠遠，你早晚會遇到困難，發現在你的圓盤上，這是不可能做到的事。你的旋轉圓盤適用的幾何學和曲面相同，在曲面上，美式城鎮的設計不可能涵蓋足夠大的區域。如果要更物理的例子，就用一個受熱不規則、表面上的不同部位以不同溫度加熱的平面說明。你有辦法用一根離手持端越遠，溫度就越高的小鐵棍，畫出下面那張帶有「水平—垂直」結構的圖（圖 3-26）嗎？你當然做不到！你的「重力場」在長棍上發生的效果，就和小鐵棍上的溫度變化相同。

M：你說了這麼多，一點都沒有嚇到我。要確定點的位置，需要街—道的設計；要分辨事件的順序，則需要時鐘。

圖 3-26

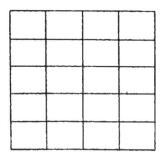

圖 3-27

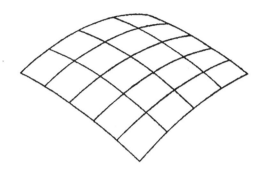

但是城鎮不一定要是美式的，它也可以是古歐洲式。想像你的理想城鎮由玩具黏土構成，然後變形了。我還是可以為街區指派數字，並分辨不同街道，即使它們不再是直線，彼此之間也不是等距的（圖 3-27）。同樣地，我們在地球用經緯度標記點的位置，但地球也沒有遵守「美式城鎮」的設計。

O：但是，我還注意到一個困難。你被迫使用「歐式城鎮設計」。我同意你可以用歐式城鎮設計標記點和事件，但它會混淆所有距離的量測。歐式城鎮設計形成的空間，它的**度量性質（Metric properties）**和我的設計不同。舉個例子。在我的美式城鎮，我知道走 10 個街區的距離是 5 個街區的 2 倍。因為我知道所有街區是相等的，就能立即得出距離。

M：這是事實。在我的「歐式城鎮設計」，我不能從變形街區的數字立即測得距離。我必須知道更多東西，知道我的表面的幾何性質。每個人都知道，同樣是從經度 0 度到經度 10 度，在赤道上和北極附近，需要走的距離是不同的。

但是，每位領航員都知道如何判斷地球上兩點的距離，因為他知道地球的幾何性質。他可以用球面三角學的知識進行計算，也可以透過實驗測量，讓船以固定速度在兩點間航行。在你的例子，整個問題沒什麼好討論的，因為所有街道之間的間距是相同的。這個問題在地球上會更複雜。0 度經線和10 度經線在地球的兩極相交，兩條經線在赤道上的距離最遠。類似地，如果想在「歐式城鎮設計」決定距離，需要的資訊比「美式城鎮設計」更多。研究我身處的連續體在所有狀況下的幾何性質，就能取得所需的額外資訊。

O：但是你提到的這些，只說明了用你想使用的繁複架構取代歐氏幾何的簡單結構，將有多複雜和麻煩。真的有必要這麼做嗎？

M：很遺憾的，如果我們想將物理應用在任何座標系，而且不使用謎樣的慣性座標系，這就是一條必經之路。我同意比起你的數學工具我的要複雜得多。但我的物理假設不僅更單純，也更自然。

兩人的討論只限於二維連續體。問題是，廣義相對論還要更複雜，因為它處理的是四維時空連續體，不只有二維。不過，在二維的情形中勾勒出的觀念依然適用。在廣義相對論，我們不能像特殊相對論，使用互相平行或垂直的長棍，加上同步時鐘，以此架構力學框架。在一個任意的座標系，

我們不能用特殊相對論處理慣性座標系的方式，用剛性長棍和規律的同步時鐘，決定事件發生的位置和時刻。我們還是能用非歐幾何的長棍和不規律的時鐘決定事件先後。但是實際量測需要剛性長棍和完美規律地同步時鐘，只能在局域慣性的座標系進行。在這個座標系，特殊相對論是有效的，但是「好」座標系是局域的，只在有限的時間和空間範圍中帶有慣性的性質。即便在任意座標系，我們還是能預測局域慣性座標系的測量結果。要做到這點，必須了解我們的時空連續體的幾何性質。

我們的理想實驗只有指出新的相對性物理的一般性質。我們從理想實驗理解到根本問題在於重力，廣義相對論也使時間與空間的觀念得到進一步的推廣。

廣義相對論與驗證工作

　　廣義相對論試圖建構適用於所有座標系的物理定律。整個理論的根本問題在於重力。廣義相對論是牛頓之後，第一個重構重力定律的重要嘗試。這件事真的有必要嗎？我們討論過牛頓理論的成就，他的重力定律是天文學大躍進的基礎。所有天文學計算依然以牛頓定律作為基礎。但是，我們也注意到一些反對舊理論的證據。牛頓定律只在古典物理的慣性座標系有效，我們記得，慣性座標系的定義是所有力學定律在其中必須是有效的。兩個質量之間的作用力，和兩者的間距有關。就我們所知，力和距離的關係在古典變換下是不變的。但古典變換並不適用特殊相對論的座標系。距離在勞倫茲變換下並不是不變量。就像我們成功將運動定律推廣至適用於特殊相對論，我們也能試著推廣重力定律，使它在勞倫茲變換下不變，而非在古典變換下不變。但是牛頓的重

力定律頑強地抗拒我們的所有嘗試，拒絕被簡化並納入特殊相對論的框架。即便我們做到了，還需要踏出下一步：把重力定律從特殊相對論的慣性座標系，推廣至廣義相對論的任意座標系。另一方面，墜落電梯的理想實驗清楚地告訴我們，不解決重力的問題，廣義相對論就沒有完成的一天。透過剛才的論述，我們理解到為何重力問題在古典物理和廣義相對論會有不同的解。

我們試著找出通往廣義相對論的途徑，但諸多原因迫使我們再次改變舊有觀點。在不提及理論的正式結構的條件下，我們會試著描述與舊理論相比，新重力理論有什麼特徵。經過先前的許多討論，掌握兩者差異的本質並不應該太困難。

（1）廣義相對論的重力方程式適用於任何座標系。在特殊狀況下選擇特定座標系，只是出於方便性考量。理論允許使用所有的座標系。只要忽略重力，我們自動回到特殊相對論的慣性座標系。

（2）牛頓的重力定律，透過作用力，在同一個瞬間連結了此時此地的物體和遠方的物體。整個機械觀的形態，背後正是牛頓重力定律。但機械觀瓦解了。在馬克士威方程組，我們認識自然定律的新形態。馬克士威方程式組是結構定律。它們把此時此刻發生的事件，與相鄰區域稍後發生的事件連結在一起。它們是描述電磁場變化的定律。我們的重力

方程式也是結構定律，描述重力場的變化。我們可以示意地說：從牛頓重力定律到廣義相對論的轉換，重現了從電流體理論與庫倫定律到馬克士威理論的轉換。

（3）我們的世界是非歐幾何的世界。世界的幾何性質由質量和速度決定。廣義相對論的重力方程式，目的是揭露世界的幾何性質。

讓我們暫時假設，建構廣義相對論的努力順利開花結果。我們會不會做出太超脫現實的假設，因而陷入危機？我們知道解釋天文觀測結果時舊理論的表現有多好。在新理論與觀測之間搭起橋樑是可能的嗎？每個假設必須經過實驗測試，如果和現象矛盾，再誘人的結果也必須放棄。新的重力理論是如何經過實驗的考驗？這個問題可以用一個句子回答：舊理論是新理論有限的特例。如果重力相對弱，舊的牛頓定律就是新的重力定律非常好的解釋。因此，所有支持古典理論的觀測結果，同樣支持廣義相對論。我們從更高層次的新理論，重新得到了舊理論。

即使無法引用額外的觀測結果支持新理論，如果新理論能給出和舊理論同樣好的解釋，在兩個理論之間自由選擇，我們也該向新理論靠攏。從先前的觀點來看，新理論的方程式更複雜；但從根本原則來看，新理論的假設更加單純。絕對時間和慣性系統，這兩個嚇人的鬼魂消失了。重力質量和慣性質量的等效性沒有被忽略。不需要假設重力和距離之間

的關係。重力方程式具有結構定律的形式，這也是自場論的偉大成就以來所有物理定律必備的形式。

新的重力定律，可以推導出從牛頓定律無法得到的結果。其中一個已經提過，就是光線在重力場中的扭曲現象。我們現在來談其他兩個結果。

如果舊定律在重力微弱的狀況會從新定律中浮現，那麼只有在相對強的重力影響下，才能預期偏離牛頓重力定律的結果。以我們的太陽系為例。所有行星，包含地球，沿橢圓形路徑繞太陽公轉。水星是離太陽最近的行星。相較於太陽與其它行星間的引力，太陽與水星間的引力更強，因為水星更靠近太陽。如果有任何希望能找到偏離牛頓定律的結果，最大的機會就在水星。根據古典理論，水星路徑的種類和其他行星相同，除了水星離太陽最近之外，其餘並沒有什麼差別。根據廣義相對論，水星的路經應該稍稍不同於其他行星。

圖 3-28

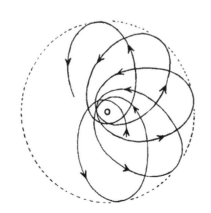

水星不只會繞太陽運動，相較於與太陽連結的座標系，水星畫出的橢圓會以相當慢的速度轉動。橢圓的轉動表現出廣義相對論的新效應。新理論預測了這個效應的幅度。水星的橢圓軌道繞完完整一圈需要 300 萬年！我們看見這個現象有多微小，也看見在比水星更遠的行星上要找到這個現象的痕跡，希望有多渺茫。

在廣義相對論之前，人們已經知道水星從橢圓軌道偏移的運動，卻找不到合理的解釋。另一方面，廣義相對論的發展，對這個特定問題沒有任何關注。人們從廣義相對論推導出行星繞日橢圓軌道的偏移現象，也是之後的事情了。在水星的例子，理論成功解釋了行星繞日運動與牛頓定律的差異。

還有一個從廣義相對論得到的結論，經過實驗結果的對照。我們已經知道在旋轉圓盤上，位在大圓的時鐘和小圓的時鐘會有不同節奏。類似地，相對論預期太陽上的時鐘和地球上的時鐘節奏會不同，因為太陽上的重力場比地球上的重力場更強。

前面我們提到過鈉原子發光時，會放出波長固定的黃光。原子輻射揭露了它的節奏。可以這麼說，原子代表一個時鐘，它放出的波長就是時鐘的一種節奏。根據廣義相對論，鈉原子在太陽放出的光，會比它在地球上放出的光，波長要長了一點點。

透過觀測驗證廣義相對論預期結果的問題相當複雜，絕不能說已經獲得解答。既然我們關注的是主要原理，就沒有深入問題細節的意圖。我們只會說，實驗的判準目前看來，能確認廣義相對論預期的結論。

場和物質

　　我們見證了機械觀崩潰的原因和過程。要想透過假設不可變動的粒子之間的數種簡單作用力解釋所有現象，是不可能的任務。我們第一個超越機械觀的嘗試，就是引入場的觀念，在電磁現象的領域大獲成功。我們建構了電磁場的結構定律；建立了在時間和空間中相鄰事件的連結。這些定律符合廣義相對論的參考系，因為它們在勞倫茲變換下是不變的。廣義相對論後來建構了重力定律。這些定律依然是結構定律，描述物質粒子之間的重力場。馬克士威定律的推廣也不困難，這使它們適用於任意座標系，如同廣義相對論的重力定律。

　　我們有兩種真實的存在：**物質和場**。毫無疑問，現在的我們無法像 19 世紀初的物理學家，將整個物理學建構在物質的觀念上，這是難以想像的。從我們接受物質和場的觀念

開始，我們能將物質和場想作兩種獨立的不同真實存在嗎？給定一顆微小的物質粒子，我們可以天真地想像粒子擁有有限的表面，在那之外，不屬於粒子存在的範圍，重力場開始浮現。在我們的圖像，場的定律的有效範圍，突兀地和物質存在的範圍分離開來。然而，分辨物質和場的物理判準會是什麼？在認識廣義相對論前，我們很可能用以下的方式回答：物質具有質量，場則沒有。場表示能量，物質則表示質量。但隨著知識的累積，我們知道這個答案是不充分的。相對論告訴我們，物質儲存了大量的能量，能量也代表著物質。這麼一來，我們就無法定性地分辨物質和場，因為質量和能量之間的差異不是定性的。絕大部分能量集中在物質，但粒子周圍的場也代表著能量，雖然在數量上完全無法和物質比較。因此我們可以說：物質是能量高度匯聚之處，場則是能量匯聚較少的地方。但是，如果真如同我們所說，物質和場之間的差異就在數量，而不在性質。認為物質和場擁有非常不同的性質，是沒有道理的。我們無法想像一個有限的表面，明確地將物質和場分隔開來。

　　同樣的難題也出現在電荷與它的場。我們似乎無法給出明顯的定性條件，分辨物質與場，或電荷與場。

　　我們的結構定律，包含馬克士威定律及重力定律，在能量高度聚集時失去作用。我們也許可以說，結構定律在場的源頭會失效，也就是電荷和物質出現的地方。但是，我們難

道無法稍微調整方程式,使結構定律適用於任何位置,即便在巨量能量的集中地?

我們無法將單純以物質的觀念為基礎建構物理學。但是,在我們承認質能等效之後,區分物質和場就缺乏明確定義,顯得過度人為。我們能放棄物質的觀念,建構純粹的場物理學嗎?物質是巨量能量聚集在相對小的空間,我們對這個事實印象深刻。我們也許能把物質視為空間中場的強度非常大的區域。這樣一來,就能創造新的哲學觀點,它的目標是透過在任何位置都有效的結構定律,解釋自然界的所有現象。從這個觀點來看,拋飛的石頭是一個變化的場,場的強度最大的態(States),以石頭的速度穿越空間。新的物理學沒有容下場與物質的空間,場成為唯一一種真實存在。場物理的偉大成就、以結構定律為形式的定律,成功解釋電、磁和重力,最後是質能等效;都是新哲學觀點成形的推手。我們的終極問題將是如何調整場的定律,使它們在能量高度匯聚的區域不會失效。

然而,目前為止,我們沒能找到具有說服力和連貫的做法滿足這個目標。這個目標究竟有沒有辦法完成,這個決定屬於未來。現在,我們還是需要假設兩種真實存在,場與物質,作為所有理論架構的基礎。

我們面前還有許多根本性的問題尚待解決。我們知道,所有物質都是由少數幾種粒子組成。這些基本粒子如何形成

物質多樣性的形態？基本粒子和場之間有什麼交互作用？為了探尋這些問題的答案，新的觀念被引入物理學：**量子論**。

本章結語

　　物理學出現了一個新觀念，是牛頓以來最重要的發明：場。需要偉大的科學想像，我們才理解電荷和粒子並非描述物理現象的根本，電荷和粒子之間的空間存在的場才是。場的觀念非常成功，馬克士威方程組從場的觀念中誕生，描述了電磁場的結構，規範了光與電的現象。

　　相對論從場的問題中誕生。舊理論中的矛盾和不連貫之處，迫使我們將新的性質加諸時空連續體，那是我們的物理世界中所有事件發生的舞台。

　　相對論的發展分成兩部分。第一部分的成果稱為特殊相對論，只適用於慣性座標系，在那裡，牛頓建構的慣性定律是有效的。特殊相對論的根本是兩個基本假設：物理定律在所有相對彼此等速運動的座標系是相同的；光速的值永遠相同。這些假設經由實驗得到完整的確認。從這些假設，可以

推導出移動長棍的長度與移動時鐘的節奏，會因為速度產生變化。相對論改變了力學定律。運動粒子的速度接近光速時，舊有力學定律會失效。相對論重構了運動物體的定律，而且漂亮地得到實驗的確認。（特殊）相對論進一步的結果，連結了質量和能量。質量是能量，能量帶有質量。質量和能量的守恆律，經由相對論，結合為質能守恆律。

廣義相對論對時空連續體給出更深入的分析。理論的有效性不再受限於慣性座標系。廣義相對論對重力問題發起進攻，為重力場建構了新的結構定律。它迫使我們分析幾何學在物理世界扮演的角色。和古典物理不同，廣義相對論把重力質量和慣性質量等效的現象視為根本問題，而非巧合。廣義相對論預期的實驗結果，和古典物理只有微小的差距。在所有對照實驗結果的場合，廣義相對論的預測都通過了考驗。不過，理論的強項在於它的連貫性，以及簡潔的基本假設。

相對論再次強調場的觀念對物理學的重要性。但是，我們還沒能建構純粹的場物理學。我們現在依然得假設場與物質兩者的存在。

第 4 章

量 子

連續，不連續

在我們面前，攤開著一張紐約市與周圍鄉村的地圖。我們問：地圖上的哪些點可以坐電車抵達？查閱這些點的時刻表，我們把它們在地圖上標記出來。現在我們換個問題：哪些點可以開車抵達？如果在地圖上，我們用線條表示所有紐約出發的道路，路上的每一點事實上都能開車抵達。以上兩種狀況都有一個點的集合。在第一種情形，點與點之間是分離的，表示不同車站；在第二種情形，這些點位在表示道路的線段上。下個問題，考慮這些點與紐約的距離，如果要嚴謹一點，就考慮這些點和紐約市中特定位置的距離。在第一種情形，地圖上的點分別對應特定的數字。數字的變化雖然不規律，但它們永遠是有限的、跳躍的。我們說：紐約市與電車可達地點之間的距離，永遠以**不連續**的方式變化。然而，開車可達的地點與紐約市的距離，可以用任意小的級距變

化，也就是說，它們變化的方式是**連續**的。在開車的情形，距離的變化可以是任意小，但電車的情形就不行。

　　煤礦產量的變化可以是連續的，能以任意小的級距增加或減少。但是，受雇礦工的數量只能以不連續的方式變化。如果說：「從昨天到今天，受雇礦工的數量增加了 3.783 位。」那是完全沒有道理的。

　　如果問一個人口袋裡有多少錢，回答最多精確到小數點後兩位。金錢總和的變化只能是跳躍的、非連續的。在美國，美元容許的最小變化單位是 1 美分，我們該稱它為「基本量子」。英國貨幣的基本量子是 1 法新（Farthing），價值只有美國基本量子的一半。我們看到兩種基本量子的例子，它們的價值可以互相比較。兩者價值的比例是固定的，因為其中一種的價值是另一種的兩倍。

　　我們可以說：某些量可以連續地變化，其他就只能不連續地變化，級距無法進一步縮小。這些無法分割的級距，就是某個特定量的**基本量子（Elementary quanta）**。

　　我們可以拿大量的沙拿去秤重，將它的質量視為連續，即便沙子具有明顯的粒狀結構。但是，如果沙子變得非常珍貴，改用靈敏的秤之後，我們就必須考慮沙子的質量其實是以單一顆粒質量的乘數在變化。單一沙粒成了我們的基本量子。從這個例子，我們看見過往視為連續的某個量，在測量的精準度進步後，被檢測出非連續的性質。

　　如果要用一句話總結量子論的主要原理，我們會說：**過往視為連續的某些物理量，必須假設由基本量子組成**。涉及量子論的現象，涵蓋非常龐大的領域。現代實驗高度發展的技術揭露了這些現象。即便是最基本的實驗，我們也不會說明或描述，只會務實地頻繁引用實驗結果。我們的目標只限於解釋量子論背後的主要觀點。

物質和電的基本量子

在動力論描繪的物質圖像中，所有元素都以分子組成。最簡單的例子是最輕的氫元素。前面我們提過布朗運動的研究，如何使決定氫分子的質量成為可能。它的質量是：

0.000 000 000 000 000 000 000 0033 公克

這代表質量是非連續的。一團氫的質量，只能以對應到單顆氫分子質量的微小級距變化。但化學過程顯示，氫分子還能分割成兩個部分，換句話說，氫分子由兩顆原子組成。在化學過程扮演基本量子的是原子，而非分子。把剛才的數字除以二，我們發現氫原子的質量大約是：

0.000 000 000 000 000 000 000 0017 公克

質量是非連續的量。不過，我們秤重的時候自然不用擔

心這些。即便是最靈敏的秤,距離足以偵測質量不連續性的靈敏度,都還差得遠。

我們回到眾所周知的現象。有一根導線連接到電流的源頭。電流從導線上高電位處流到低電位處。還記得簡單的電流體流經導線的理論,能解釋許多實驗現象。我們也記得,決定從高電位流到低電位的是正電流體或負電流體,只是使用習慣的問題。我們暫時忽視場的觀念帶來的所有進展。即使用簡單的電流體作為思考媒介,也是有一些沒解決的問題。使用「流體」一詞,代表在早期電被視為連續的量。從舊觀點出發,電荷的量可以用任意小的級距改變。我們不需要假設基本電量子的存在。物質動力學的成就,使我們準備好迎接下面的問題:流電體的基本量子存在嗎?另一個有待解決的問題是:電流是由正、負,還是正負兩種流體組成的?

所有試圖回答問題的實驗,想法都是把電流體從導線中拆分出來,讓它們在真空中移動,藉此擺脫物質的影響,再研究電流體的性質。這些條件可能會凸顯電流體的性質。19世紀時,科學家進行過很多這一類實驗。解釋實驗設計背後的想法之前,我們至少先引述其中一個實驗的結果:流經導線的電流體是負電流體,方向是從低電位到高電位。如果在電流體理論發展的早期就知道這件事,我們肯定會調整用詞,把摩擦橡膠棍取得的電稱為正電,摩擦玻璃棒取得的電稱為負電。如果把實際上流動的電流體視為正電,會比較方

便。由於當初的猜測是錯的，現在只能與不便和平共處。下個重要問題，這個負電流體會不會是「粒狀的」，由基本量子組成？再一次，幾個獨立實驗顯示，這個負電毫無疑問地存在基本量子。負電流體由顆粒組成，就像沙灘由沙粒，房子由磚頭組成。這個結果大約 40 年前，湯木生（J.J. Thomson，1856-1940）第一個清楚地整理出來。負電的基本量子稱為**電子（Electrons）**。因此，所有負電荷都是電子代表的基本電荷的乘數。如同質量，負電荷只能以非連續的方式變化。然而，基本電荷非常小，小到在許多研究中，把電荷視為連續的量會比較方便。透過這樣的方式，原子和電子的理論把只能以跳躍方式變化的非連續物理量引入科學。

想像兩塊平行的金屬板，放在一個空氣被抽光的區域。其中一塊金屬板帶正電，另一塊帶負電。把一個測試正電荷放到兩塊金屬板間，它會受正電板排斥，受負電板吸引。如此一來，電場的力線會從正電板指向負電板。如果是帶負電的測試物體，物體上的作用力方向正好相反。如果金屬板夠大，兩者之間的力線就會均勻分布於每一處，測試物體放置的位置就不重要了。作用力將是相等的，因此力線密度也相同（下頁圖 4-1）。把電子放在兩板中間的任何位置，它的行為會類似地球重力場中的雨滴，從負電板朝正電板平行移動。許多實驗的設計，都是讓一叢電子進入上述的場，場對每一個電子的作用都是相同的。最簡單的做法是把加熱後的

圖 4-1

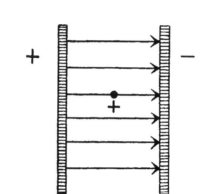

導線放在兩塊金屬板中間。加熱導線發射的電子，受外部場的力線引導而運動。像是我們熟悉的無線電真空管，背後就是這個原理。

人們對電子束進行許多精巧的實驗，研究了電子束在外加電場與磁場中的路徑變化。我們甚至能分離出單個電子，決定它的基本電荷與質量。電子質量表示電子內部抵抗外部力的能力。在這裡，我們只會引用電子質量的值，不會提及實驗過程。結果，一個電子的質量大約比一個氫原子**小了2000 倍**。從統一場論觀點來看，電子的整體質量，也就是它整體的能量，就是電子的場帶有的能量。電子的強度聚集在非常小的球體內，在遠離電子「中心」的位置，強度就很弱。

我們提過，任何元素的原子，就是該元素最小的基本量子。有長一段時間，人們相信這段敘述是對的。然而，現在沒人這麼想了！科學領域形成了新觀點，凸顯舊觀點的侷

限。在物理學，少有敘述的基礎比原子的複雜結構更紮實地建立在事實上。人們首次理解，負電流體的基本量子，電子，其實是原子的成分之一，也是組成所有物質的基本成分的一種。先前引用加熱導線發射電子的例子，是從物質中抽取電子的多種做法中的一種。這個結果是許多獨立實驗的總結，把物質結構的問題和電的問題不容質疑地綁在了一塊。

從原子的組成中抽出一些電子，相對來說比較簡單，熱就可以做到，就像加熱導線的例子。還有不同做法，像是用其他電子轟炸原子。

假設把一條燒紅的細金屬線放進稀薄的氫氣中。導線將朝所有方向放出電子。在外部電場作用下，這些電子將獲得一個速度。就像石子會在重力場中加速，電子會在電場中加速。經由這個方式，我們得到一束以特定速度朝特定方向運動的電子。在今天，我們可以用非常強的場，迫使電子加速到接近光速的地步。當這束速度特定的電子撞上稀薄氫氣中的分子，會發生什麼事？速度夠快的電子的撞擊，不僅會使氫分子分解成兩個氫原子，也會使其中一個氫原子，釋放一個電子。

我們先接受電子是物質成分的事實。然而，被挖出一個電子的原子，不可能是電中性的。如果這個原子先前是電中性，現在就不可能如此，因為它短少了一個基本電荷，留下來的東西必定帶正電。更進一步，由於電子的質量比最輕的

原子要小得多，我們可以放心推論，電子並不代表原子絕大部分的質量，而是其他比電子重得多的基本粒子。我們把原子較重的部分，稱為**原子核（Nucleus）**。

現代實驗物理的發展，找出了各種方式足以打破原子核，將一種元素轉變成另一種，以及從原子核中分離出組合原子核的基本粒子。物理學的這個章節稱為「核物理」，從實驗的角度來看，這是物理學最有趣的部分，拉賽福（Ernest Rutherford，1871-1937）在這個領域貢獻良多。然而，一個構築於簡單的根本原理，足以連結核物理領域豐富現象的理論，尚未誕生。由於這本書關注的範圍只限於一般物理觀念，我們將跳過這個章節，即便它對現代物理非常重要。

光量子

　　讓我們考慮一道沿著海岸修築的牆。一道海浪拍擊牆壁，帶走牆面上一些東西，隨即撤回海中，讓路給下一道浪。牆壁的質量減少了。我們可以問，海浪在一年內帶走了多少質量？我們想像另一種過程，利用不同方式使牆壁的質量減少，但減少的量和先前過程相同。我們對牆壁開槍，然後從彈孔處把牆壁分開。牆壁的質量下降了，想像兩種做法使質量下降相同的量。不過單從外觀，我們能輕易分辨作用的是連續拍擊的海浪，還是不連續的彈雨。要了解我們等會要描述的現象，記住海浪和彈雨兩種狀況的差異會有幫助。

　　我們提過加熱導線會放出電子。現在，我們要用其他方式從金屬抽出電子。我們知道單色光是特定波長的光，例如紫光。一道紫光照射在金屬表面，光波會從金屬中抽出一些電子。從金屬剝離的電子將以特定速度運動。根據能量守恆

原理，我們可以說：光的部分能量，轉換成被逐出電子的動能。現代實驗技術使我們能詳實記錄這些電子子彈，決定它們的速度，藉此找出能量。光線照射在金屬表面後抽出電子的現象，稱為**光電效應**（Photoelectric Effect）。

我們的出發點是強度固定的單色光波會產生何種作用。如同所有實驗的做法，我們必須調整實驗參數，測試這些調整是否會對觀測結果產生影響。

讓我們開始調整照射到金屬表面的單色紫光的強度，記錄發射電子的能量隨光強度的變化。我們先試著用思考，而非實驗的方式找答案。我們可以這樣論述：在光電效應，輻射攜帶的能量，有部分特定比例轉換成電子運動的能量。如果我們再次以波長相同，但來自更強光源的光線照射金屬，發射電子的能量也應該更大，因為輻射的能量更加充沛。因此，我們應該預期，如果光的強度增加，發射電子的速度也會變快。但實驗再次違背了我們的預期。又一次，我們見識自然定律和我們希望的形式不同。我們找到一個違背預期結果的實驗，粉碎了實驗的理論基礎，這種實驗為數不少。從波動說的觀點，實際實驗的結果令人震驚。所有觀測到的電子，速度和能量都是相同的，不會隨照射光強度增加而有所變化。

波動說無法預期這個實驗結果。現在，新理論從舊理論和實驗的矛盾中誕生了。

讓我們特意以不公平的眼光看待光的波動說，暫且忘記它的偉大成就，以及這個理論對光在非常小的障礙物周遭產生彎折現象的漂亮解釋。我們把注意力集中在光電效應，希望從理論層面找到合理的解釋。從波動說出發，我們顯然無法推導出電子能量與照射到金屬平板的光的強度無關的結果。因此，我們應該嘗試其他理論。還記得牛頓的微粒說，能解釋許多觀測到的光現象，卻拿光的彎折現象沒有辦法。我們現在特意忽視光的彎折現象。牛頓的時代並沒有能量的觀念，對他來說，光微粒是無重量的，不同顏色的光微粒，性質有所差異。往後，在能量的觀念出現，以及光被承認帶有能量後，沒有人想到這兩個觀念能應用到光的微粒說。牛頓的理論已經死去，直到我們的世紀之前，沒有人認真地想為這個理論重新注入生命。

為了保留牛頓理論的主要想法，我們必須假設單色光由能量粒（energy-grains）組成，用光量子取代先前的光微粒。我們把光量子稱為**光子（Photons）**，光子是一小塊能量，在真空中以光速移動。牛頓理論以這個形式找到新生命，使**光量子論（Light quantum theory）**得以誕生。不只有物質和電荷，輻射能量也有了粒狀結構，由光量子組成。在物質的量子、電的量子之外，還有能量的量子。

為了解釋某些比光電效應複雜得多的現象，普朗克（Max Planck，1858-1947）在本世紀初，首先提出能量量子的想法。

不過，光電效應最能簡單清晰地說明調整舊觀念的必要性。

　　不用太多時間，人們就理解光量子論明顯足以解釋光電效應。光子像淋浴般撞在金屬板上。輻射和物質之間整體的交互作用，由許多單一過程組合而成。在這些過程，一個光子撞擊原子並剝離出一個電子。所有的單一過程都很相似，在任何過程，所有抽離的電子都帶有相同的能量。我們也理解到增加光的強度，在新的語言，代表增加光子的數量。在光強度增加的狀況下，不同數量的電子脫離金屬板，單個電子的能量並沒有改變。如此一來，我們看見新理論和觀測結果完美吻合。

　　如果用不同顏色的單色光照射金屬板，比方說用紅光取代紫光，會發生什麼事？我們讓實驗回答這個問題。我們必須測量紅光抽離電子的能量，和紫光抽離電子的能量比較。結果是，紅光抽離的電子帶有的能量，比紫光抽離的電子還要小。這個結果的意義是，不同色光的光量子帶有不同能量。紅光光子的能量，只有紫光光子的一半。更嚴謹地說：屬於單色光的光量子，隨波長增加，能量以等比例減少。能量的量子和電的量子存在根本性的差別。光量子隨波長變化，而電量子永遠是一樣的。如果用先前的比喻，光量子就像最小的貨幣量子，在每個國家是不同的。

　　讓我們繼續棄用光的波動說。假設光的結構是粒狀的，它的組成是光量子，一群以光速穿越空間的光子。因此，在

我們的新圖像，光是雨點般的光子，光子是光的能量的基本量子。然而，如果放棄波動說，波長的觀念就消失了。是哪個新觀念取代了波長？光量子的能量！以波動說的語言寫下的敘述，可以用輻射量子說的語言重寫。例如：

波動說語言 ——

單色光帶有固定的波長。紅色一端的光譜，其波長是紫色端的兩倍。

量子說語言 ——

單色光由固定能量的光子組成。紅色一端的光譜，其光子的能量是紫色端的二分之一。

目前的狀態可以總結如下：有些現象波動說無法解釋，但量子說可以。光電效應提供了一個例子，我們還知道有其他現象也是如此。有些現象量子說無法解釋，但波動說可以。光在障礙物周遭折彎的現象是典型的例子。最後，有些現象，例如光以直線傳遞的性質，可以從兩個理論得到很好的解釋。

但光實際上是什麼？它是波，還是一堆光子？不久前我們問過類似的問題：光是波，還是一堆光微粒？有一段時期，我們有充份理由放棄微粒說，擁抱足以解釋所有現象的波動

說。然而，現在的問題更複雜了。要為光的現象建構一致的描述，似乎不太可能只用兩種可能語言的其中一種。有些狀況我們必須在兩種理論中選擇合用的一種，有些狀況卻兩種都可以。我們現在遇上一種新形態的難題：現實有兩種互相矛盾的圖像，分開來看，沒有一種能完整解釋光的現象，但結合兩種圖像卻能做到！

要怎麼做才有可能結合兩種矛盾的圖像？我們該如何理解這兩種截然不同的視角？解決這個難題不是容易的事，我們再次遇到一個根本性的問題。

我們先暫時接受光子說，我們將利用它協助我們理解波動說能解釋的現象。透過這個方式，我們能凸顯出造成兩個理論乍看之下不容調解的困難。

還記得：一束穿過針孔的單色光，會產生亮環與暗環。要怎麼做才能在忽略波動說的條件下，用光量子說理解這個現象？一個光子穿過針孔。若光子穿過針孔，我們能預期螢幕會發亮，反之螢幕不會發亮。但我們看到的並非以上兩種情形，而是許多亮環和暗環。我們可以試著為環的產生找理由：也許針孔邊緣和光子發生某種交互作用，因此產生繞射環。我們當然不能把這段話視為物理解釋，它頂多算描繪了一種解釋的方向，將繞射現象歸因於物質和光子之間的交互作用，為將來的理解保有一絲希望。

然而，如此微弱的希望也慘遭排除，兇手是我們討論過

的另一個實驗設計。讓我們用兩個針孔進行實驗。穿過兩個針孔的單色光，在螢幕上產生亮紋和暗紋。這個效應如何用光量子說的觀點理解？我們可以說：一個光子必然穿過兩個針孔之一。如果單色光的光子代表光的基本粒子，我們很難想像它一分為二，同時穿過兩個針孔。但如此一來，應該得到與第一個例子完全相同的結果，在螢幕上看到亮環和暗環，而非亮紋與暗紋。第二個針孔的出現，為什麼完全改變了整個效應？顯然，答案是光子沒有穿過的那一個孔，即使隔了一段距離，把環變成了條紋！如果光子的行為類似古典物理的微粒，它必然穿過兩孔之一。但這樣一來，繞射現象就無法理解。

科學迫使人們創造新的想法和理論。人們的目標是打破矛盾的藩籬，它是科學進展的路上常見的障礙。科學所有的根本概念，都誕生於現實與人們的理解之間戲劇性的衝突。在以現代物理的方式，試圖解釋光的波動與量子兩種觀點的矛盾前，我們應該先說明完全相同的難題不只在處理光量子時浮現，處理物質的量子時也是！

光譜

我們已經知道，所有物質都由少數幾種粒子組成。電子是第一個被發現的基本粒子，它也是負電的基本量子。我們進一步理解到，有些現象迫使我們假設光由基本光量子組成，量子依據不同波長而改變。在進一步討論前，我們必須先討論一些由物質與輻射扮演主要角色的物理現象。

太陽的輻射可以用稜鏡分離出組成成分，藉此得到太陽的連續光譜，可見光譜兩端之間的所有波長都會出現。讓我們看另一個例子。之前提過，鈉元素發光時會放出單色光，也就是單一顏色、單一波長的光。如果把發光的鈉放在稜鏡前，我們只會看見一條黃色的線。一般來說，如果把輻射的物體放在稜鏡前，物體發出的光會分解成組成成分，揭露發光體的光譜特性。

在一根裝有氣體的管子裡，放電效應使整根管子成為光

源，就像填充氖氣的管子可以用在霓虹廣告。分光鏡
（Sepctroscope）的作用類似稜鏡，但更加準確和靈敏。如果
把這樣一根發光管放在分光鏡前，分光鏡會把光分解成組成
成分，也就是對入射光的成分進行分析。透過分光鏡，太陽
光會呈現連續的光譜，含有所有波長的光。不過，如果光源
是管中的通電氣體，光譜會呈現不同的性質。和太陽光的連
續、多色光譜不同；通電氣體的光譜是黑暗背景上的明亮分
離條紋。如果條紋非常窄，每個條紋就對應一種特定的顏色，
若換成波動說的語言，則是對應到固定的波長。舉例來說，
如果光譜中有 20 條可見的線，每條線就對應到 20 個代表波
長的數字的其中一個。不同元素的氣態具有不同的譜線系
統，也就是發射光譜中，對應波長的不同數字組合。沒有任
何元素的特徵光譜具有相同的譜線組合，就像沒有任何人擁
有一模一樣的指紋。物理學家找出這些譜線組合作為元素的
目錄。譜線存在規律的情形越來越明顯，看似無關的波長數
字，可以用一個簡單的數學方程式表示。

　　剛才提到的這些，現在可以轉換成光子的語言。對應特
定波長的條紋，換句話說，也就是帶有特定能量的光子。因
此，發光氣體放出的光子只會帶有表示物質特性的能量，那
不包含光子所有可能帶有的能量。現實再次限制了可能性。

　　某些元素的原子只會發出一個帶特定能量的光子，例如
氫原子。氫原子只會放出特定的能量量子，其他都是不容許

的。簡單起見，想像某種元素只會發出一條線的光譜，也就是它只會放出固定能量的光子。這顆原子在發射前帶有的能量比發射後多。從能量的原理，這顆原子的**能階（Energy Level）**在發射前必然較高，在發射後必然較低，兩個能階的差距必須等於發射光子的能量。因此，特定元素的原子只會發射單一波長輻射，也就是單一能量光子的現象，可以用不同方式表示：這個元素的原子只允許兩個能階存在，光子的發射對應原子從高能階到低能階的躍遷。

然而元素光譜存在不只一條線，這是自然的規則。原子發射的光子對應多種能量，不只有一種。換句話說，我們要假設一顆原子允許多種能階，光子的發射現象，表示原子從高能階躍遷到低能階。不過要注意，不是所有能階都是被允許的，因為單一元素的光譜並沒有涵蓋所有波長的光，也就是光子能量的範圍不是全部。與其說不同原子光譜上有固定波長的線，我們可以說每個原子具有固定的能階，光量子的發射和原子在能階之間的躍遷有關。能階不是連續的，而是非連續的，這是自然的規則。我們再次看見現實對可能性的限制。

波耳（Niels Henrik David Bohr，1885-1962）首先說明了為何光譜中只會出現特定的線，而不是其他任意的線。他的理論在 25 年前成形，描繪了原子的圖像。通過這個圖像，就能在單純的狀況下計算元素光譜。看似生硬且毫無關連的

波長數字，在理論的啟發下突然連貫在一起了。

波耳的理論形成一個中介點，通往更深入的一般性理論，稱為波動力學或量子力學。我們的目標是在最後的篇幅描述這項理論的主要原理的特性。在那之前，我們必須再提一個理論和一項實驗的結果，說明一個更特別的性質。

我們的可見光譜始於特定波長的紫光，結束於特定波長的紅光。換句話說，可見光譜範圍內的光子帶有的能量，永遠限制在紫光光子和紅光光子的能量之間。這自然只是人眼的特性帶來的限制。如果某些能階之間的差距夠大，就會放出**紫外（Ultraviolet）**光子，產生可見光譜之外的線條。肉眼無法發現這條線的存在，必須使用照相底片。

組成 X 光的光子，帶有的能量同樣比可見光的光子大得多。換句話說，X 光的波長更小，實際上比可見光小了數千倍。

這麼小的波長有可能透過實驗決定嗎？找出可見光波長已經夠難了，我們必須用非常小的障礙物或孔洞做實驗。兩個間距非常小的針孔，可以使可見光產生繞射。要使 X 光產生繞射，針孔本身和針孔間距還要再小上數千倍。

在這樣的條件下，我們要怎麼測量 X 射線的波長？自然之母伸出了援手。

一塊晶體，是大量原子以非常小的距離與完美的規律排列在一起的結果。我們的示意圖（下頁圖 4-2）是一個簡單

圖 4-2

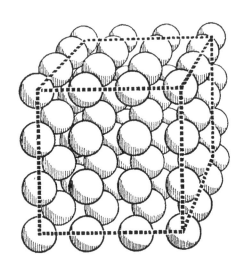

的晶體模型。取代微小的針孔，元素原子以絕對的規律緊密地排列在一起，就像許多極度小的障礙物。晶體結構理論能找出原子之間的距離，它們之間非常接近，近到可以預期會使 X 光的繞射效應顯現出來。實驗證明，晶體中緊密堆疊的障礙物在三維空間中暴露的結構，確實能使 X 光產生繞射，

　　假設用一束 X 光照射晶體，X 光在穿過晶體後，被照片底片記錄下來。底片將會顯示繞射的圖形。人們用了許多方法研究 X 光的光譜，從繞射圖形中推論出和波長有關的訊息。我們剛才用短短幾句話描述的現象，若要闡述背後所有的理論與實驗基礎，會是好幾本書的內容。我們在頁 290 本章附圖中，只給出一種繞射圖形，是多種做法中的一種的結果。我們再次看見亮環和暗環，那是波動理論的金字招牌。

圖形中央可以看見未發生繞射的 X 光。如果 X 光和底片之間沒有放入晶體，我們只會看見中間的亮點。這些照片可以計算出 X 光的光譜，另一方面，如果波長已知，我們就能推論晶體的結構。

本章附圖

（A.G Shenstone 攝）

光譜線

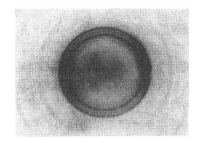

（Lastowieck 和 Gregor 攝）

X 光繞射

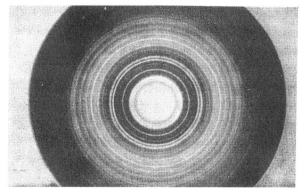

（Loria 和 Klinger 攝）

電子波的繞射

物質波

　　我們如何理解元素光譜上只會出現特定波長的現象？

　　在物理學，在看似不相關的現象之間找到一致的類比，往往是根本性進展的預告。在本書的篇幅，我們常常見到在某個科學領域創造出的概念，在其他領域得到成功的應用。力學和場觀的發展有很多這種例子。已解決的問題與懸而未決的問題之間的關連性，往往為難題提供新的想法。我們很容易找到膚淺的類比，那通常不代表什麼。但是，發現隱藏在外在表象下根本性的共同特徵，並藉此架構新的成功理論，那就是重要的創造性工作。波動力學的發展從德布羅意（Louis de Broglie，1892-1987）和薛丁格（Erwin Rudolf Josef Alexander Schrödinger，1887-1961）開始，距今不到 15 年。波動力學也是深入與幸運的類比建構的理論取得成功的典型案例。

我們的起點是和現代物理沒有一丁點關係的古典案例。在我們手上，握著一條非常長的橡皮管的尾端，非常長的彈簧也可以。我們試著有節奏地將它上下擺動，使手上這端開始震盪（圖 4-3）。如同我們在許多例子看過的，尾端的震盪產生了一個波，以固定速率在整條管子上傳遞。如果我們想像一條無限長的管子，波在產生後，將展開一段無限的旅程，路上沒有任何阻礙。

圖 4-3

再看另一個例子。我們從兩端拉緊一條管子。如果喜歡的話也能用小提琴弦。如果一個波在橡膠管或琴弦的尾端產生，會發生什麼事？如同前一個例子，波開始了它的旅程，卻很快被管子的另一端反射回來。我們現在有 2 個波：一個由震盪產生，另一個源自反射。2 個波朝相反方向傳遞，並彼此干涉。追蹤 2 個波的干涉，然後找出 2 個波疊加之後剩下的一個波，這不是困難的工作。留下的波稱為**駐波**

圖 4-4

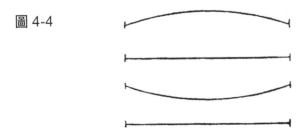

（Standing Wave）。雖然「駐」與「波」兩字看似矛盾，不過兩個波的疊加將正當性賦予了駐波一詞。

最簡單的駐波是兩端固定的弦的上下擺動，如圖 4-4 所示。這個運動是 2 個傳遞方向相反的波重疊在一起的結果。這個運動的主要特性是：只有兩端的點是靜止的。靜止的點稱為**節點（Nodes）**。可以這麼說，這個駐波停駐在 2 個節點間，而且弦上所有的點，會同時抵達它們的最大偏差與最小偏差。

但這只是駐波中最簡單的一種，駐波還有其他種類。舉例來說，駐波可以有 3 個節點，是 2 個端點加上中間點。3 個節點在這個狀況將永遠保持靜止（圖 4-5）。只要看一眼圖 4-5，就會知道此處的波長是兩節點駐波（圖 4-4）的二分之一。相同地，駐波可以有 4 個、5 個，或更多個節點（圖 4-6）。駐波的波長會隨著節點數變化。節點數只能是正整數，以跳躍的方式變化。「這個駐波的節點數是 3.576 個。」這句話完全沒有意義。如此一來，波長同樣只能用非連續的方式變化。現在，在這個非常古典的問題中，我們認出量子論令人熟悉的特徵。小提琴家製造出的駐波，事實上要複雜

圖 4-5

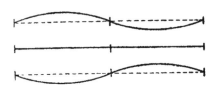

圖 4-6

得多，那是許多 2 節點、3 節點或 4、5 甚至更多節點的波的混合物，也就是好幾種波長不同的波的加總。物理學可以分析這種混合波，找出混合波是由那幾種簡單駐波組成。或是用先前的說法，我們可以說振動弦具有一個頻譜，類似放出輻射的元素，弦的頻譜只容許特定波長，其他波長則禁止。

如此一來，我們發現振動的弦與放出輻射的原子的相似之處。雖然這個類比看起來略顯奇特，但既然選擇了這個做法，就讓我們試著從中找出進一步的結果，繼續進行比較。所有元素的原子都由基本粒子組成，重的部分是原子核，輕的部分是電子。這個粒子組成的系統行為就像小型的樂器，駐波在這個系統中產生。

然而，駐波是兩個或更多行進波之間干涉的結果。如果我們的類比確實反映出某種現實，就應該有某種比原子更簡單的系統，對應到一個行進波。最簡單的系統會是什麼？在我們的物質世界，沒有比一個不受外力作用的基本粒子更簡單的事物，也就是一個靜止或等速運動的電子。我們可以在整條類比的邏輯鍊上再做一個猜測，加上一環：等速運動的電子→固定波長的波。這就是德布羅依大膽的創新想法。

我們先前說明過，光在某些現象展現波的性質，在某些現象展現微粒的性質。長久下來，習慣光是一種波的想法後，

我們訝異地發現在某些情形，像是光電效應，光的行為就像一大堆光子。就在剛剛，我們發現相反的事發生在電子身上。我們早已習慣把電子視為粒子，也是電與物質的基本量子。我們研究了電子的質量和電荷。如果德布羅依的想法真的包含某些事實，那必然有一些現象會使物質展現波的性質。乍看之下，聲學類比產生的結論既奇怪又無法理解。移動的微粒怎麼和波扯上關係了？但是，這不是我們第一次在物理學遇到這種困難。在光的現象的領域，我們遇過一模一樣的問題。

　　在建構物理理論的過程，基本觀念扮演最根本的角色。物理的書籍常常塞滿複雜的數學方程式。但觀念與思考，而非方程式，才是每個物理理論的開端。在那之後，觀念必須以數學形式表達，架構量化的理論，才有可能與實驗進行對照。我們正在討論的問題，正好適合當作解釋的例子。我們的主要猜想是等速移動的電子在某些現象，會有接近波的行為。假設有一個或一大團速度相同的電子，正在進行等速運動。每一個電子的質量、電荷和速度都是已知的。如果我們想以某種方式，把波的觀念和等速運動的電子連結起來，下個問題必然是：它的波長是什麼？這是一個量化問題，需要一個在某種程度上完成量化的理論來回答。這實際上是件簡單的工作。德布羅依解答了這個問題，最讓人訝異的地方是，他的答案在數學上非常單純。在德布羅依完成這項工作的年

代，物理理論通常會用到既精妙又複雜的數學技巧，至少和德布羅依的工作相較起來是如此。雖然物質波的問題只涉及極度單純的數學，背後卻是深刻而有重大影響的想法。

先前討論光波和光子的問題時，所有用波的語言表達的敘述，都能轉譯成光子或微粒的語言。這件事也適用於電子波。對等速運動的電子來說，人們已經知道微粒語言的描述。但就如同光子的例子，對於電子波，任何微粒語言的敘述都能轉譯成波的語言。為轉譯工作訂下規矩的是兩條線索。光波與電子波、光子與電子之間的類比是其中一條。有了處理光的經驗，我們試著用同樣的方式轉譯物質的語言。另一條線索來自特殊相對論。自然定律在勞倫茲變換下必須保持不變，在古典變換下則否。兩個線索相加，就能決定移動的電子對應的波長。理論告訴我們，一個以每秒 10,000 英里運動的電子，帶有的波長能被輕易計算出來。計算結果是，這樣一個電子的波長大約落在 X 光波長的範圍。如此一來，我們得到的進一步結論是，如果想偵測到物質的波動性質，就得用類似偵測 X 光波長的實驗設計。

想像一束電子射線以設定的速度運動。在波動的語言，那就是一道波長固定的電子波。假設這道波碰到一片非常細的晶體，扮演繞射柵的角色。晶體內障礙物的間距非常小，足以使 X 光的產生繞射。可以預期，波長接近 X 光的電子波也會發生類似現象。我們用感光底片紀錄電子波穿越晶體時

的繞射現象。果不其然,這項實驗的結果,是物質波理論無庸置疑的偉大成就之一:電子波的繞射現象。在頁 290 本章附圖中,我們特別標記出電子波與 X 光的繞射圖樣之間的相似處。我們知道透過這些圖樣能計算 X 光的波長,電子波的波長也能用相同方式計算。由繞射圖形得出的物質波波長,和理論的量化結果完全一致。我們的論證鍊也漂亮地得到確認。

這項結果不僅使我們先前的困難涉及範圍變得更廣,也更加深刻。用先前說明光波的例子做類比來舉例,更能強調這一點。一個朝著非常小的洞發射的電子,會像光波一樣彎折。感光底片上會出現亮環和暗環。用電子與洞緣的交互作用解釋這個現象也許還有些許希望,但看起來不是太樂觀。那如果用兩個針孔實驗呢?取代圓環出現的是條紋。第二個針孔的出現,怎麼會使整體效應發生這麼大的改變?電子是不可見的,看起來也只能一次穿過一個針孔。一個電子怎麼會知道不遠之處多了一個針孔?

我們先前問過:光是什麼?是一大堆微粒,還是一個波?現在,我們問:物質是什麼?電子是什麼?它是粒子,還是波?在外部電場或磁場中移動時,電子的行為像是粒子;在晶體中發生繞射時,電子的行為就像波。我們在物質的基本量子遇到和光量子相同的難題。近期的科學發展給出了一個根本性的問題:要如何調和物質與波這兩種矛盾的觀點?這

個根本性的難題，屬於那些一旦形成，終有一日會帶來科學進展的難題。物理學提出了它的答案。但只有時間，才能決定現代物理學家的答案能歷久彌新，還是消失在時間的洪流之中。

機率波

　　根據古典物理，如果我們知道給定質點的位置、速度及作用中的力，就能用力學定律預測它在未來的完整路徑。「位於某處的質點，在某瞬間以某速度運動。」這句話在古典物理有明確的意義。如果這句話失去意義，我們預測未來路徑的敘述也會跟著失效。

　　19 世紀初的科學家想把物理簡化成簡單的幾種作用力，作用在不論任何瞬間都具有明確位置與速度的物質粒子上。讓我們回顧在這趟穿越物理領域的旅程之初，當我們討論力學時，用什麼方式描述運動。我們在明確的路徑上，畫下許多點，表示物體在特定瞬間的位置，隨後，我們用切線向量表示速度的大小與方向。雖然這個方法既簡潔又有說服力，卻無法在物質和能量的基本量子身上重複，不適用於電子與光子。我們不能用古典物理的運動圖像，想像光子或電子的

旅程。雙針孔的實驗明確地告訴我們這一點。看起來，電子和光子同時穿過了兩個針孔。也因為這樣，用老舊的古典方法想像電子或光子的路徑，不可能解釋雙針孔實驗的現象。

理所當然，我們必須假設某些基本動作確實有發生，像是電子或光子確實穿過了針孔，物質或能量的基本量子的存在也不容質疑。基本定律的建構，無法透過明確指出特定瞬間的位置和速度這種古典物理的單純方式完成，這也是肯定的。

讓我們試試不同想法。如果我們不斷重複一個基本動作，一次又一次地朝針孔送出電子。這裡明確指出「電子」是為了精確性，同樣的論述也適用於光子。

同樣的實驗，以相同方式不斷重複。所有電子都以相同速度朝雙針孔方向移動。這項實驗同樣是理想實驗，這應該不用強調了。它可以存在於想像，但無法在現實中重現。我們無法像開槍一樣，在指定瞬間發射單個光子或電子。

如果是單針孔，重複實驗的結果就會是亮環與暗環；如果是雙針孔，就會是暗紋與亮紋。但還有一個根本性的差異。在單電子實驗的狀況，這項結果是無法理解的。當實驗重複多次，結果還比較容易理解。我們可以說：光紋出現在許多電子抵達的位置，條紋在較少電子抵達的位置變得比較暗。全黑的部分表示沒有電子在此降落。當然，我們不能假設所有電子都穿過雙孔中的其中一個。如果真是如此，把另一個

針孔蓋住將不會對結果產生任何影響。然而，我們知道蓋住第二個孔確實會改變結果。由於單個粒子是不可見的，我們無法想像它同時穿越兩個孔。實驗重複多次的事實，也許指出了另一條出路。有些電子可能穿過第一個孔，有些穿過第二個。我們不知道每個電子為何選擇了特定針孔，但重複實驗加總的結果，必定是兩孔同時參與了從電子源到屏幕傳送電子的過程。如果我們只說明重複實驗時大量電子產生的結果，而不關注單一粒仔的行為，環狀圖形和條紋圖形的差異就是可理解的。在一系列的實驗後，一個關於大量電子行為的新想法誕生了。單一電子的行為是不可預測的。我們無法預言單一電子的路徑，但最後結果是可以預期的，屏幕上終將出現亮紋與暗紋。

讓我們暫時離開量子物理的領域。

我們在古典物理看過這個敘述：如果我們知道一個質點在某瞬間的位置、速度，以及作用力，就能預測質點的未來路徑。我們也看過機械觀曾被運用在物質的動力論。透過我們的推論，一個新想法在物質的動力論中誕生。這個想法將幫助我們理解往後的論述，最終完全掌握它。

有一個裝有氣體的容器。若要嘗試追蹤每個粒子的運動，第一步必須是找出初始狀態，也就是所有粒子的初始位置和速度。即便這件事真可能做到，把結果記錄在紙上需要的時間也超過人的壽命，因為必須考慮的粒子數量過於龐

大。如果我們試著用已知的古典力學方法，計算所有粒子最終的位置，難度堪比登天。理論上，是有可能用計算行星路徑的方式計算粒子路徑，但在實際操作的層面，這個方法無用武之地，**統計方法（Method of statistics）**是必須的。統計方法不用知道任何初始狀態的精確資訊。關於系統在任意瞬間的資訊，我們知之甚少，更別說系統的過去和未來。我們變得不關心單一氣體粒子的命運。現在的問題具有非常不同的性質。舉例來說，我們不再問：「每個粒子在任意瞬間的速度為何？」我們會問：「有多少粒子的速度介於每秒1000呎到每秒1100呎之間？」我們一點都不關心個別粒子的狀況。我們想確定的是代表整體系統的平均值。明顯地，只有在由大量個體組成的系統，用統計方法進行思考才有道理。

利用統計方法，我們不能預言群體中的個體行為。我們只能預期個體行為落在特定範圍的**機率**。如果統計定律告訴我們，有三分之一的粒子速度介於每秒1000呎到每秒1100呎之間，就代表若我們重複對許多粒子進行觀測，就會則到上述結果。換句話說，找到速度落在範圍內的粒子的機率等於三分之一。

類似的道理，知道一個社區的出生率，不等於確定一個家庭是否有小孩。這也表示有關個性的統計知識，基本上不代表什麼。

　　觀察許多大量車輛的車牌，很快能知道有三分之一的車牌號碼能被 3 整除。但我們無法預言下一輛經過的車，是否會有這個性質。統計定律只能應用在宏觀的整體，而非個體成員。

　　我們可以回到量子問題了。

　　量子物理的定律帶有統計的性質。這個意義是：它們不關心單一的系統，而是許多相同系統的集合，它們無法被單一個體的測量結果證明，只能透過一系列的重複測量。

　　放射性分裂是量子物理試圖以定律解釋的事件之一，規範一種元素轉換成另一種元素的自發性過程。我們知道，舉例來說，每過 1600 年，會有一半的鐳元素分裂，另一半維持原狀。我們可以預言，接下來半小時大約有多少原子會分裂，但即便在理論層面，我們也無法解釋為什麼是這些原子完蛋，而不是另外那些。根據現有知識，我們沒有指定單一原子走上分裂一途的權力。原子的命運不受年齡影響。還沒有任何線索指向規範單一原子行為的理論。我們只能建構統計定律，規範大量原子的集體行為。

　　看另一個例子。如果把某些元素的發光氣體放在分光鏡前，我們會看到特定波長的線段。非連續特定波長的線段形成的集合，它的出現是原子現象的特徵，揭露某種基本量子的存在。這個問題還有另一種看法。某些光譜線特別明亮，其他的譜線相形之下顯得微弱。明亮的譜線，代表屬於這個

特定波長的光子，被放出的數量相對較多；微弱的譜線，代表對應這個波長的光子數量相對少。理論再次給出純屬統計性質的敘述。每條譜線對應到高能階到低能階的躍遷，理論只告訴我們躍遷發生的機率，一點也沒有涉及單一原子是否發生躍遷。這些統計理論全都運作良好，因為它們涉及宏觀集合的現象，而非單一個體。

新的量子物理看似重現了物質的動力論，因為兩者都屬於統計性質，而且對象都是宏觀的集合。但事實並非如此！在這個類比中，重要的不僅是相似之處，相異之處甚至更為重要。物質的動力論與量子物理之間的相似之處，主要來自它們的統計性質。那相異之處呢？

如果我們想知道城市裡住了多少 20 歲以上的男人和女人，就得讓每位市民填寫標有「性別」和「年齡」的表格。若所有回答都是正確的，透過記數和分類，我們就能獲得具有統計性質的結果。單一表格上的姓名和地址不會列入計算。我們的統計觀點來自單一個案的資訊。同樣的道理，在物質的動力論，我們的統計定律規範集合的行為，其基礎是規範個體的定律。

但在量子物理，事物處於完全不同的狀態。統計定律是直接結果，個體的定律被拋棄了。在光子或電子的雙針孔實驗的例子，我們知道不能用古典物理的做法，描述基本粒子在時空中可能的運動。量子物理放棄了規範單個基本粒子的

定律，以統計定律**直接**描述集合的規範。在量子物理的基礎上，描述一個基本粒子的位置和速度是不可能的，也無法像古典物理的做法，預測它未來的路徑。量子物理處理的只有集合，它的定律處理整體，而非個體。

這是個困難的必須，強迫我們改變陳舊的古典觀念。它並非推測，也不是追求標新立異。我們舊觀點在一項應用上面臨的困難，也就是繞射現象。其實還有很多同樣有說服力的現象，足以說明這項困難。了解現實世界的嘗試中，我們經常被迫調整看待事情的觀點。不變的是，只有未來才能決定我們是否選擇了唯一一條可能的出路，以及現在的難題有沒有更好的答案還沒被發現。

我們必須拋棄把個體視為時空中客觀存在的描述，導入帶有統計性質的定律。這是現代量子物理的主要特徵。

稍早之前，當我們導入新的物理存在，就像電磁場與重力場，我們會試著用一般用語表示經由數學方法呈現的觀念組成的方程式。我們對量子物理也會採取相同作法，只會簡短地參照波耳、德布羅依、薛丁格、海森堡（Werner Heisenberg，1901-1976）、狄拉克（Paul Adrien Maurice Dirac，1902-1984）和玻恩（Max Born，1882-1970）工作。

讓我們考慮單個電子的狀況。電子可以處於任意外在電磁場的影響之中，也可以完全不受外在影響。舉例來說，它可能會在一個原子核的場之中移動，也可能在晶體中發生繞

射。量子物理教導我們如何建構描述這些問題的數學方程式。

我們已經認知到兩類事物的相關性，一邊是振動中的弦、鼓皮、管樂器，或任何樂器；另一邊則是輻射原子。規範聲學問題和量子物理問題的數學方程式也有相似之處。不過兩種數學方程式產生的數值，依然具有非常不同的物理詮釋。即便方程式有一些相似之處，描述振動弦和輻射原子的物理量背後的意義是不一樣的。如果是振動弦，我們問的是在任意時刻，弦上的點和正常位置之間的偏移量。一旦知道振動弦在任意時刻的形態，我們就能得知任何想知道的資訊。任意瞬間的偏移量，可以利用振動弦的數學方程式，從其他瞬間的偏移量計算出來。正常位置的偏移量可以對應到弦上任意一點的現象，可以嚴謹地用下面的方式表達：在任意瞬間，正常位置的偏移量是弦位置坐標的**函數**。弦上所有的點形成一個一維連續體，偏移量則是定義域位於這個一維連續體的函數，可以由振動弦的方程式計算而得。

用類比的方式，單電子函數的定義域則是時間和空間中的任意一點。我們把這個函數稱為**機率波**（Probability Wave）。在我們的類比，機率波對應到聲學問題中正常位置的偏移量。機率波是三維連續體在任意瞬間的函數，相較之下，弦的偏移量則是一維連續體在任意瞬間的函數。機率波形成了我們考慮量子系統時的一類知識，它將使我們能夠

回答量子系統中所有合理的統計問題。機率波不會告訴我們電子在任意瞬間的位置或速度，因為這個問題在量子物理是不合理的。但是，它會讓我們知道在任意一點發現電子的機率，或是在什麼位置有最大的機會發現電子。理論的結果並不適用單次測量，它適用於多次重複測量的結果。如此一來，在量子物理決定機率波的方程式，就像決定電磁場的馬克士威方程組，或是決定重力場的重力方程式。量子物理的方程式同樣是結構定律。但量子物理的方程式決定的物理觀念，背後的意義比電磁場或重力場更抽象，它們只提供了回答統計問題的數學方法。

目前為止，我們考慮過位於外部場中的單個電子。如果場之中的電子不只一個，也是電荷的最小單位，而是一團帶有幾 10 億個電子的電荷，我們就能忽略量子論，用陳舊的前量子物理來處理問題。談到導線的電流、帶電導體，或是電磁波，我們可以單純使用包含在馬克士威方程組的單純舊物理學。然而，如果談到光電效應、光譜線的強度、放射性、電子波的繞射，或是其他展現物質或能量的量子性質的現象，我們就不能用舊的物理學。我們必須更上一層樓，可以這麼說。在古典物理，我們談粒子的位置與速度；現在，針對同樣的單粒子問題，我們必須考慮三維連續體之中的機率波。

如果我們之前曾經被教導從古典物理出發點解決問題，

量子物理就有自己的一套解決問題的處方。

對於一顆基本粒子，不管是電子或是光子，我們有三維連續體中的機率波，用以描述系統在重複實驗時展現的統計行為。但如果不只一個，而是兩個基本粒子，就像兩個電子、一個電子與一個光子，或是電子與原子核，這種狀況如何處理？光是因為兩者之間的交互作用，我們就不能將兩個基本粒子分開處理，用三維的機率波分別描述兩者。猜測量子物理如何描述兩個交互作用的粒子形成的系統確實不難。我們先走下一層樓，暫時回到古典物理。在任意瞬間，空間中兩個質點的位置可以由 6 個數字表示，每個質點需要 3 個。兩質點所有可能的位置，形成一個六維的連續體，不同於單質點時的三維。如果我們現在上一層樓，回到量子物理的位置，就會得到一個六維連續體中的機率波，而非單粒子的三維連續體。同樣的道理，對於 3 個、4 個，或是更多粒子的狀況，機率波會是九維、十二維，以及更多維連續體之中的函數。

剛才的討論清楚地顯示，機率波比在三維空間中延伸的電磁場和重力場更加抽象。多維連續體是機率波的背景，只有單粒子的機率波才和物理空間擁有相同的維度。機率波唯一的物理重要性，在於它使我們在單粒子與多粒子的狀況下，能夠回答合理的統計問題。因此，舉例來說，在單電子的狀況，我們能問在特定點發現電子的機率。在兩個粒子的狀況，我們的問題會變成：在某個瞬間，在兩個特定點發現

兩個粒子的機率是多少？

　　我們離開古典物理的第一步，是放棄了把個別狀況視為時間和空間中的客觀事件。我們被迫採用機率波提供的統計方法。一但這條路徑確定下來，我們就有責任朝抽象的方向更進一步。導入對應多粒子問題的多維機率波是必要之舉。

　　簡短起見，讓我們把所有量子物理之外的所有觀念稱為古典物理。古典物理和量子物理有著根本性的差異。古典物理的目標是描述存在空間中的物體，建構規範物體隨時間變化的定律。然而，有些現象透露出物質和輻射同時具有粒子與波動的性質，許多基本現象的明顯的統計性質，例如放射性分裂、繞射、光譜線等等，迫使我們放棄古典物理的觀點。量子物理的目標並非描述空間中的個別物體或它們在時間中的變化。量子物理沒有這類敘述的容身之處：「這個物體如何如何，具有若干性質。」取而代之的是這一類敘述：「個別物體如何如何，而且具有若干性質的機率是如何如何。」在量子物理，規範個別物體隨時間變化的定律找不到容身之處。取而代之的是，我們有規範機率隨時間變化的定律。只有由量子論帶入物理學的這項根本性改變，才有可能讓物質與輻射的基本量子揭露的那些具有明顯非連續與統計性質的現象，得到適當的解釋。

　　然而，還有更多難題浮現，目前為止還沒找到明確的答案。我們只會提到一些未解的難題。科學不是，也永遠不會

是一本完結的書籍。每次重要進展都會帶來新的問題，每個進展最終都會引出更新、更深刻的難題。

我們知道在一個或多個粒子這類單純的情形，可以把古典物理的描述升級成量子版本，從時間和空間中的客觀描述，升級成機率波。然而，回想在古典物理非常重要的場的觀念，我們要如何描述物質的基本量子和場之間的交互作用？如果10個粒子的量子描述需要用到三十維度的機率波，場的量子描述就需要無限多個維度的機率波。從古典場的觀念過渡到量子物理中對應的機率波問題是個非常困難的步驟。從這裡開始上一層樓不是簡單的任務，目前所有的解題嘗試必須視為不足的。還有其他根本性的問題。在我們所有從古典物理過渡到量子物理的論述中，我們使用了陳舊的非相對論描述，把時間和空間分開處理。然而，當我們試著從相對論架構下的古典描述出發，提升到量子版本的工作看起來更加複雜了。這是困擾著現代物理的另一個問題，我們離找出令人滿意的完整解答距離還很遙遠。更進一步的困難，還包括為組成原子核的重粒子架構一個一致性的理論。即便有許多針對原子核問題的實驗數據和嘗試，我們對這個領域的根本性問題的理解還是在一片黑暗中。

量子物理毫無疑問地解釋了非常多樣的現象，大部分的狀況下，理論和觀測結果也能漂亮地吻合。新的量子物理把我們從舊的機械觀帶得更遠，比起以往的任何時刻，回頭似

乎已經是不可能的事情了。不過，量子物理毫無疑問地依然必須建立在兩個觀念上：物質和場。從這點看來，量子物理還是一個二元的理論。對於我們的老問題，把物理學簡化為場的觀念，量子物理沒有讓我們前進一絲一毫。

下一步的發展，會是沿著量子物理選擇的方向，還是更可能有革命性的想法誕生在物理學？這次還會像過去那樣，前進的道路再次急轉彎嗎？過去幾年，量子物理所有的難題集中於幾個主要癥結點。物理學家急切地等待問題的答案。然而，沒有任何辦法能預測這些難題會在何時何地迎來撥雲見日的一天。

物理與現實

從本書描述的物理學發展的梗概，可以得出哪些總體性的結論，或最根本性的想法？

科學不只是定律的大集合，也不是互不相關的現象的分類法。它是人類心智中自由的創造性想法和觀念的產物。物理理論試圖擘劃現實的圖像，建立圖像與遼闊的感官世界之間的連結。因此，我們心中的架構唯一的正當性，來自理論如何與是否成功建立這樣的連結。

我們見證過物理進展創造出新的現實。但這樣的創造鍊，可以追溯到比物理的起源要早得多的時代。物質是最原始的觀念中的一個。關於一棵樹、一隻馬，或任何物質物體的觀念，都是以經驗為基礎的創造。雖然和物理現象的世界比起來，經驗產生的印象世界可說相當原始。透過思考，追逐老鼠的貓兒同樣創造了自己原始的現實世界。貓兒對他遇

到的任何一隻老鼠都會有相似的反應，這個現象說明貓兒會形成觀念和理論，引導它在自己的印象世界中前行。

「三株樹」不同於「兩株樹」，「兩株樹」又和「兩粒石子」不同。2、3、4 這些純數字觀念誕生於物體，但也從物體中得到解放。這就是思索的心智描述真實世界的創造。

對於時間，心理層面的主觀感受使我們能排序印象發生的順序，描述事件的先後。但是，透過時鐘的使用，把每個瞬間與一個數字連結在一起，並將時間視為一維連續體，這已經是一種創造。歐氏幾何和非歐幾何的觀念同樣如此，用三維連續體理解空間自然也不例外。

物理真正的開端是質量、力，與慣性系統的發明。這些觀念都是自由的創造物，引領了機械觀的形成。對於 19 世紀初的物理學家來說，外在世界的現實由粒子，以及粒子間只和距離有關的簡單作用力所組成。他們盡可能的維護自己的信念，也就是自然界的所有現象，可以用剛才有關現實的基本觀念解釋。然而，磁針的偏轉現象以及有關以太結構的難題，致使我們創造更精妙的現實。電磁場這項重要發明出現了。我們需要勇敢的科學想像，才能完全避免透過物體的行為，而是透過物體之間的某物，也就是場，來根本性地理解並排序現象。

後期的發展不僅摧毀了舊觀念，也帶來了新觀念。絕對時間和慣性坐標系的觀念被相對論所放棄。所有事件的背景

不再是一維時間連續體與三維空間連續體，而是一個四維的時空連續體。這又是另一個自由的創造，附帶新的變換性質。我們不再需要慣性坐標系，任何坐標系都同樣適合用來描述自然界的事件。

量子論同樣為我們的現實創造了根本性的新性質。非連續性取代了連續性。機率定律出現，取代了規範個體的定律。

確實，現代物理創造的現實和早期相比有了非常大的變化。但每個物理理論的目標依然是相同的。

在物理理論的幫助下，我們試著找到方向，穿越眾多觀測現象構成的迷宮；也試著用我們自己的感官印象理解並找到世界的秩序。我們想要讓觀測現象和我們的現實觀念在邏輯上吻合。若非這項信念，我們就不能用自己的理論架構捕捉現實；若非我們的世界內在的和諧，科學就不可能存在。這項信念將永遠是所有科學創造的根本動力。在我們所有的努力之中，在每一次新舊觀念戲劇性的掙扎之間，我們看到對知的永恆渴望，看到對世界和諧的永恆信仰，也看到這兩者在我們與理解之間不斷增高的障礙之前，依然益發堅韌。

本章結語

　　原子現象的領域中豐富且多樣的事實，迫使我們發明新的物理觀念。物質擁有粒狀結構，而且由基本粒子組成，那也是物質的基本量子。如此一來，電荷也有粒狀結構，而且——這是量子論中最重要的觀點——能量也是如此。光子組成了光，也是能量的量子。

　　光是波，還是一大堆光子？一個電子束是一大堆基本粒子，還是波？實驗把這些根本性的問題強迫性地帶入物理學。在尋找答案的過程，我們必須放棄把原子的現象描述為時間和空間中發生的事件，進一步遠離了陳舊的機械觀。量子物理建構了規範群體，而非個體的定律。它描述的並非性質，而是機率。量子物理建構的並非揭露系統未來的定律，而是規範機率隨時間變化的定律，而且和大量個體的集合有關。

國家圖書館出版品預行編目資料

物理學的演進 / 阿爾伯特‧愛因斯坦（Albert Einstein），利奧波德‧英費爾德
（Leopold Infeld）著；王文生 譯. -- 初版. -- 臺北市：商周出版：
　城邦文化事業股份有限公司出版：英屬蓋曼群島商家庭傳媒股份有限公司
　城邦分公司發行，民110.03
　　面： 公分
　譯自：The Evolution of Physics
　ISBN 978-986-477-991-8（平裝）
　1. 物理學　2.歷史
　330.9　　　　　　　　　　　　　　　　　110000638

物理學的演進

原 著 書 名 ／ The Evolution of Physics
作　　　　者 ／ 阿爾伯特‧愛因斯坦（Albert Einstein）
　　　　　　　　利奧波德‧英費爾德（Leopold Infeld）
譯　　　　者 ／ 王文生
企 畫 選 書 ／ 林宏濤
責 任 編 輯 ／ 劉俊甫

版　　　　權 ／ 黃淑敏、劉鎔慈
行 銷 業 務 ／ 周佑潔、周丹蘋、黃崇華
總　 編　 輯 ／ 楊如玉
總　 經　 理 ／ 彭之琬
事業群總經理 ／ 黃淑貞
發　 行　 人 ／ 何飛鵬
法 律 顧 問 ／ 元禾法律事務所　王子文律師
出　　　　版 ／ 商周出版
　　　　　　　　臺北市中山區民生東路二段141號9樓
　　　　　　　　電話：(02) 2500-7008 傳真：(02) 2500-7759
　　　　　　　　E-mail：bwp.service@cite.com.tw
發　　　　行 ／ 英屬蓋曼群島商家庭傳媒股份有限公司城邦分公司
　　　　　　　　臺北市中山區民生東路二段141號2樓
　　　　　　　　書虫客服服務專線：(02) 2500-7718‧(02) 2500-7719
　　　　　　　　24小時傳真服務：(02) 2500-1990‧(02) 2500-1991
　　　　　　　　服務時間：週一至週五09:30-12:00‧13:30-17:00
　　　　　　　　郵撥帳號：19863813　戶名：書虫股份有限公司
　　　　　　　　讀者服務信箱E-mail：service@readingclub.com.tw
　　　　　　　　歡迎光臨城邦讀書花園 網址：www.cite.com.tw
香 港 發 行 所 ／ 城邦（香港）出版集團有限公司
　　　　　　　　香港灣仔駱克道193號東超商業中心1樓
　　　　　　　　電話：(852) 2508-6231　傳真：(852) 2578-9337
　　　　　　　　E-mail：hkcite@biznetvigator.com
馬 新 發 行 所 ／ 城邦(馬新)出版集團 Cité (M) Sdn. Bhd.
　　　　　　　　41, Jalan Radin Anum, Bandar Baru Sri Petaling,
　　　　　　　　57000 Kuala Lumpur, Malaysia
　　　　　　　　電話：(603) 9057-8822　傳真：(603) 9057-6622
　　　　　　　　E-mail：cite@cite.com.my

封 面 設 計 ／ 莊謹銘
排　　　　版 ／ 新鑫電腦排版工作室
印　　　　刷 ／ 高典印刷有限公司
經　 銷　 商 ／ 聯合發行股份有限公司
　　　　　　　　電話：(02) 2917-8022　傳真：(02) 2911-0053
　　　　　　　　地址：新北市231新店區寶橋路235巷6弄6號2樓

■2021年（民110）3月初版
■2022年（民111）7月12日初版3刷
定價 450 元

Printed in Taiwan
城邦讀書花園
www.cite.com.tw

104台北市民生東路二段141號2樓

英屬蓋曼群島商家庭傳媒股份有限公司　城邦分公司

請沿虛線對摺，謝謝！

書號：BU0171	書名：物理學的演進	編碼：

請於此處用膠水黏貼

 商周出版

讀者回函卡

感謝您購買我們出版的書籍！請費心填寫此回函卡，我們將不定期寄上城邦集團最新的出版訊息。

不定期好禮相贈
立即加入：商
Facebook 粉

姓名：＿＿＿＿＿＿＿＿＿＿＿＿＿＿＿ 性別：□男 □女

生日：西元＿＿＿＿＿年＿＿＿＿＿月＿＿＿＿＿日

地址：＿＿＿＿＿＿＿＿＿＿＿＿＿＿＿＿＿＿＿＿＿＿＿

聯絡電話：＿＿＿＿＿＿＿＿ 傳真：＿＿＿＿＿＿＿＿

E-mail：

學歷：□ 1. 小學 □ 2. 國中 □ 3. 高中 □ 4. 大學 □ 5. 研究所以上

職業：□ 1. 學生 □ 2. 軍公教 □ 3. 服務 □ 4. 金融 □ 5. 製造 □ 6. 資訊

□ 7. 傳播 □ 8. 自由業 □ 9. 農漁牧 □ 10. 家管 □ 11. 退休

□ 12. 其他＿＿＿＿＿＿＿＿＿＿＿＿＿＿＿＿＿＿＿＿

您從何種方式得知本書消息？

□ 1. 書店 □ 2. 網路 □ 3. 報紙 □ 4. 雜誌 □ 5. 廣播 □ 6. 電視

□ 7. 親友推薦 □ 8. 其他＿＿＿＿＿＿＿＿＿＿＿＿＿＿

您通常以何種方式購書？

□ 1. 書店 □ 2. 網路 □ 3. 傳真訂購 □ 4. 郵局劃撥 □ 5. 其他＿＿＿

您喜歡閱讀那些類別的書籍？

□ 1. 財經商業 □ 2. 自然科學 □ 3. 歷史 □ 4. 法律 □ 5. 文學

□ 6. 休閒旅遊 □ 7. 小說 □ 8. 人物傳記 □ 9. 生活、勵志 □ 10. 其他

對我們的建議：＿＿＿＿＿＿＿＿＿＿＿＿＿＿＿＿＿＿＿＿＿＿

＿＿＿＿＿＿＿＿＿＿＿＿＿＿＿＿＿＿＿＿＿＿＿＿＿＿＿＿＿

＿＿＿＿＿＿＿＿＿＿＿＿＿＿＿＿＿＿＿＿＿＿＿＿＿＿＿＿＿

請於此處用膠水黏貼